気象学ライ

新田　尚・中澤哲

気象防災の知識と実践

牧原康隆［著］

朝倉書店

はじめに

近年，気象災害への関心が非常に高くなっている．それとともに，危険度分布，土砂災害警戒情報，特別警報等の精緻化・高度化された防災気象情報に接する機会が増えており，いざというとき，これらを活用することが災害対策に欠かせないと言っても過言ではない．

気象に関する顕著な現象と関連する災害は，それらが発生する前に予測でき，災害への備えが可能であるという特徴がある．ただ，予測は完全ではなく，どのくらい前からどの程度の精度で予測できるかは，現象や予測時間によってさまざまである．また，地震に伴う津波のときのような，はっきりとした防災対応のきっかけとなる現象がないことから，いつどのような対応をするべきかを誰もがただちに判断するのは容易ではないと思う．結局，さまざまな病気に対して多分野の医師と治療薬があるのと同様に，1つ1つの現象や災害に対して，防災気象情報に熟知した専門家が，対象とする地域に応じて「最も効果的な薬(＝防災気象情報)」をタイミングよく選択して，実際に防災活動に携わる人は，その「薬」の「効能書き」をよく読んで，あるいは専門家からの指導を受けて活用することが，現状を少しでも改善する方法だと考えている．

本書は，このような観点から著した，気象防災に関わる人たちの実践に即した，やや詳しい，実例付きの防災気象情報の効能書き，ということができる．

筆者は約20年間気象庁予報課に在籍し，雨に関する解析雨量，降水短時間予報や指数の技術開発に直接に関わり，警報・注意報の地域細分化の推進にも関わってきた．このような経緯から，開発者の立場から，それぞれの情報の開発の契機と目標，精度，効果的な使用方法，限界についてうまく伝えることができれば，利用者の視点が広がり，一層の情報活用のきっかけになるものと期待している．

本書は，7章からなる．第1章では，気象防災情報に関する課題と，その改善の1つの手段としての気象の専門家の役割と減災の効果について述べている．第2章と第3章では，現象と災害を分類し，それらの主な特徴と予報の難易度について概説している．また，それらに対する情報提供のおおよそのタイムスケジュールを表にしている．第4章の予報技術の最前線では，台風予報，ガイダンス，高潮予報，竜巻予報，解析雨量，降水短時間予報，3つの指数について，概要と予測精度を解説している．雨に関する情報は技術的にやや詳細なところもあるがご了承いただきたい．第5章では，警報・注意報・情報を利用する上で重要な2つの「せいど」，すなわち，法律や規則上の「制度」と警報や情報の予報の「精度」について解説している．警報や情報等を利用する上で，ウェブページの解説のみでは物足りないと思っておられる読者は，ぜひここに目を通してほしい．第6章では，著者が地方自治体の支援を行った経験をもとに，自治体からの要望やそれに最大限どのように応えることができるかについて述べている．

本書では気象防災の実践に際して活用の参考となるよう，第1,2,3,6章では過去の実例を，第2章では防災対応のための代表的なタイムスケジュールを示している．本書のエッセンスとその役割を手短に学びたい場合には，まず第1章と第2章，それから第5章と第6章を読んでほしい．

本書によって防災気象について理解が深まり，それが読者の減災活動の推進に役立つならば幸いである．

新田尚先生から，防災気象に関する執筆，特に気象予報士を活用することで減災につながるような執筆についてお話をいただいたとき，2つ返事でお受けしました．丁寧にご指導いただき感謝に堪えません．また，著者の技術開発をはじめとして，これまで多岐にわたりご指導いただいてきた立平良三先生，気象庁予報課在籍時に一緒に開発に携わってきた皆さん，また多くのテスト段階のプロダクトに対して熱心にコメントをいただき，応援してくださった皆さんに心より感謝いたします．本書では多くを気象庁の出版物やウェブページから引用しました．これらに携わった方々に深く感謝いたします．本書の刊行にあたっては，朝倉書店編集部にたいへんお世話になりました．ここに厚く御礼申しあげます．防災気象は，過去の災害と予測への反省から成り立っていることを心に刻み，本書が今後の災害の軽減に少しでもつながることを念願します．

2019年12月

牧原　康隆

目　　次

CHAPTER 1
気象防災の課題と気象の専門アドバイザーの役割

1.1 気象情報の充実・高度化とその功罪

日本で気象観測が始まったのは1875（明治8）年で，それ以降気象業務は着実に進展し，気象情報の充実と予報の精度向上が図られてきた．特に，最初の気象観測から100年を経た1970年代以降の防災気象情報の質と量の充実には目を見張るものがある．

気象観測といえばまず，お茶の間から防災業務まであたり前のように使われているアメダスがあげられる．このシステムは，1974年度に運用が始まった．また，1977年には最初の気象衛星「ひまわり」が打ち上げられた．1980年代になると，気象レーダーのデジタル画像や解析雨量などが一般の人の目に触れるようになった．また，予報の分野でも大きな進展があった．降水確率予報の開始，降水短時間予報の開始，週間予報の毎日発表の開始などである（表1.1）．

1990年代には，気象情報の充実と高度化の速度が一層早くなった．特に，1993年に気象予報士制度が創設され，1995年に民間気象事業者による局地天気予報が自由化されて以降，気象庁が防災気象に一層力を入れるようになったことから，防災気象情報の充実が目立っている．

防災気象情報の最近の変化の中で特筆すべきことは，大雨および洪水の警報・注意報の基準として「指数」が導入されたことである．1950年7月に大雨警報・注意報の基準として導入された雨量（24時間雨量．当時は日雨量が基準であった）は，1972年の1，3時間雨量基準の追加導入を経て，長年にわたり使用されてきた．その他の警報・注意報についても，災害と関連性の高い基準として，気象要素が使われていたが，2010年に，大雨警報（土砂災害）・大雨注意報の基準として，災害との関連性がより高い土壌雨量指数が，また洪水警報・注意報

表 1.1　気象観測・予報・情報の改善の歴史（1970 年～）

1974.11.1	観測	地域気象観測システム（AMeDAS）の運用開始
1978.4.6	観測	初の静止気象衛星 GMS（ひまわり）による観測開始
1980.6.1	予報	降水確率予報を開始（東京地方）〔1986.3 より全国で開始〕
1988.4.1	予報	降水短時間予報を開始（東京，大阪，福岡各管区内．レーダー・アメダス合成図のデータ配信を含む）
1988.10.1	予報	週間天気予報の毎日発表開始（札幌，仙台，東京各管区内，近畿地方，中国地方）
1993.5.19		気象予報士制度の創設
1995.5.18		民間気象事業者による局地天気予報の自由化
1996.3.1	予報	「分布予報」,「時系列予報」を開始
1996.3.1	予報	1 か月予報の毎週発表開始
1997.1.19	予報	降雪量の分布予報を開始（北海道，東北，北陸地方）
2000.9.11	予報	土壌雨量指数が初めて気象情報に利用される
2001.4.19	観測	ウィンドプロファイラ観測網運用開始
2002.8.8		インターネットによる気象情報の提供開始
2004.1.16	予報	黄砂に関する情報提供業務を開始
2005.9.1	予報	土砂災害警戒情報の発表開始（鹿児島県）〔2008.3 より全国で開始〕
2006.	観測	東京レーダーがドップラーレーダーに更新．以降，ドップラーレーダーの全国への展開が進む
2006.6.14	予報	利根川において，氾濫後の洪水予報の発表を開始
2008.3.21	予報	異常天候早期警戒情報の提供開始
2008.3.26	予報	竜巻注意情報の発表開始，小笠原諸島への気象に関する警報・注意報の発表開始
2008.5.28	予報	気象警報・注意報の基準として，土壌雨量指数，流域雨量が採用される
2009.4.22	予報	5 日先までの台風進路予報の発表開始
2010.5.27	予報	市町村を対象区域とした気象警報・注意報の運用開始
2013.8.30	予報	特別警報の運用開始
2014.8.7	予報	高解像度降水ナウキャストの発表開始
2017.7.7	予報	大雨警報・注意報の基準として，表面雨量指数が採用される

の基準として流域雨量指数が使われるようになった．その時点で 24 時間雨量が警報・注意報の基準からはずれ，2017 年に，大雨警報（浸水）・大雨注意報の基準として表面雨量指数が採用されることに伴い，残りの 1，3 時間雨量が警報・注意報の基準としての役割を終えたのである．気象警報をはじめとする防災情報は，人命，財産の喪失に直結することから，より高い精度が求められる．一方で，警報の対象となる現象は，多くの場合低頻度で発生し，高頻度の現象に比べると予報の精度は一般にかなり低い．従来から提供されている情報にこだわることなく，より精度の高い情報を使用するほうが，結果として利用者の利便性を高めることができる．これが，この新たな気象情報に結び付いている．

遠い昔には，例えば「夕焼けは晴れ．かさ雲は雨」などと，天気に関する言い伝えをもとに，これから先の雨を予想していた．気象観測が始まるようになると，雨の予想に，例えば特定の山の風向を参考にするようになる．そして，天気図を使った天気予報に変わっていった．これらは，いずれも情報を，雨に関連する気象要素あるいは現象と結び付けてきたわけだが，例えば現在の雨の予報は，数値予報で予想される降水量そのものが基本になっている．身近で単純なわかりやすい方法よりも最新の科学的知見を元に，精度の高い方法を基本として使用しているわけである．大雨や洪水の警報・注意報の基準もこのような変遷をたどってきている．

ただ，これらの新しい情報が採用されても従来の情報は形を変えて残る場合が多い．結果として情報の数が増えることになる．気象庁のウェブページで，「知識・解説」の項目を見ると，気象の分野において「発表する情報の解説」の欄に，19 種類の情報が示されている（表 1.2）．そのうち，例えば気象警報・注意報は，特別警報・警報・注意報の 3 つに分かれ，それぞれに，6，7，16 種類の要素（大雨，暴風，高潮，大雪等）について発表されている．この他，気象情報，台風情報，天気予報，分布予報，時系列予報，週間天気予報，季節予報では対象となる複数の要素（天気，気温，風等）それぞれについて予報されている．また，気象情報は，全国・地方・府県と地域の広さごとに発表されている．

さらに，表 1.2 にある「天気図（実況・予想）」には，従来から予報担当者が使用してなじみのある「天気図画像ファイル」（アジア太平洋天気図，数値予報天気図等）が含まれており，対象となる要素，高度，予想時刻，範囲ごとに合計 68 の図が気象庁から配信されている（2018 年 3 月現在）．さらに，これらと別に，数値予報の解析・予想の格子点値（GPV）が，モデルの種類ごとに配信されている（本書においては，「観測等に基づく現象の将来の見通し」に対して「予想」または「予測」の表現を使用している．「予想」は気象業務法に記載された表現であり，主に気象庁のプロダクトに関連する場合に使用しているが厳密な使い分けはしていない）．

このように気象情報は非常に多く提供されていることがわかる．これらの気象庁の情報のほとんどは，電文またはファイル形式で，中央官庁，地方自治体，報道，民間会社等へオンライン提供されており，個人ベースであっても必要な

表 1.2 気象庁が発表する気象に関する情報

種類	備考
気象警報・注意報	特別警報 6 要素，警報 7 要素，注意報 16 要素
気象情報	全国，地方，府県の 3 種類．タイトルには災害名または現象名が使われる
台風情報	全般情報と位置情報，解析と進路予報，強度予報，暴風域に入る確率等に分類される
指定河川洪水予報	氾濫注意，氾濫警戒，氾濫危険，氾濫発生の各情報に分類される
土砂災害警戒情報・ 土砂災害警戒判定メッシュ情報	
竜巻注意情報	
レーダー・ナウキャスト	降水，雷，竜巻の 3 種類
高解像度降水ナウキャスト	
解析雨量	
降水短時間予報	
天気予報	天気，降水確率，気温，風を予報
分布予報	天気，気温，降水量，降雪量を予報
時系列予報	天気，風向風速，気温を予報
天気図（実況・予想）	
週間天気予報	天気，気温，降水確率，信頼度を予報
早期天候情報	気温，降雪量が対象
季節予報	気温，降水量，日照時間，降雪量を予報
高温注意情報	
スモッグ気象情報	

資料はほとんど入手が可能である（ただし，費用については情報によりかなりの差がある）．

1.2 なぜ多くの気象情報が提供されているのか

なぜこのように多くの気象情報が提供されているのだろうか．防災気象情報を例にとると，情報の多い理由は大きく 3 つに分けられる．

1 つめは，気象災害とその関連情報に非常に多くの種類があるためである．例えば大雨による災害の場合，大雨注意報，大雨警報，大雨特別警報が法的に明確に規定されているが，それに加えて，例えば大雨による土砂災害に関しては，避難を要する状況を伝える「土砂災害警戒情報」，5 km（または 1 km）メッシュで土砂災害警戒情報の基準に対応した詳細な実況および予想を伝える「土砂災害警戒判定メッシュ情報」，その基準の根拠となる「土壌雨量指数」，「1時間降水量」が提供されている．土壌雨量指数および降水量には実況の他に，降水短時間予報，降水ナウキャストに基づく予測情報が用意されている．また，土砂災害警戒情報の基準は 5 km（または 1 km）メッシュごとに別々の数値が決められており，これも情報の１つといえる．

２つめは，気象の予測には時間的・空間的な誤差があり，その誤差は予想時間が長くなるにつれ大きくなるため，気象庁がそれぞれの予想時間に対して適切な情報を提供しているためである．災害を減らすためには，場合によっては数日以上前から対応することが望ましいが，そのときに提供できる情報は災害発生の数十分前にわかる状況とは，内容的にも精度的にも大きく異なる．しかし，場所と時間のスケールが大きくとも，どのような災害のポテンシャルが通常より高まっているかを知らせることは，防災対応に役に立つことが多い．つまり，気象庁では予想時間に応じて，時間的・空間的に情報として隙間のないように（「シームレス」に），内容の異なる気象情報を提供していることが，情報が多い２つめの理由である．

３つめは，上記の情報発表の根拠となる予想天気図や観測資料などを提供しているためである．予想時間に応じて提供される情報の意味を理解しながら，それらの予想の確度を推定し，必要に応じて，その後の別の可能性を探るには，気象情報がどのような気象予測に基づいているかを分析することが重要となるが，その分析には，予想天気図や観測資料などの気象資料が必須である．この分析は気象の専門家が行う作業であり，この３つ目の資料の情報量が最も多い．これらの中から，最適な資料を選び出して分析することにより，数日以上前から防災対応を適切に支援することが可能となるわけである．

表 1.3 には，災害発生の１週間前から提供される気象情報の活用範囲が，気象の専門家のアドバイスによりどのように広がるかが示されている．ここにあげられた情報は，気象庁が提供している代表的な情報である．その特徴は，①さまざまな利用者が利用することを想定して防災上のデメリットすなわち対策

表 1.3 気象の専門家による気象関連情報の活用度の向上（特定の市町村の場合）

情報	週間天気予報	早期注意情報（警報の可能性）	台風情報	予告的情報	注意報（16 種類）	警報（7 種類）	特別警報（6 種類）	土砂災害警戒情報・指定河川洪水警報	土砂災害メッシュ浸水・洪水危険度分布
概要	7 日先までの天気	5 日先から翌日まで（大雨，暴風，波浪）	5 日先までの台風の中心位置，最大風速，暴風域の予報	大雨，洪水，暴風，大雪，高潮等の 2 日程度先までの情報	～12 時間後に災害のおそれ	～3（大雨・洪水），～6 時間後に重大な災害のおそれ	50 年に 1 度以下の稀な現象による顕著な災害のおそれ	～3 時間	～3 時間の注意報，警報 I，避難を考慮すべき警報 II の情報を提供
空間分解能	都府県	主に都府県		全国－府県	市町村	市町村	市町村	市町村 河川流域	5 km，1 km メッシュ
気象知識を使わない場合（確度の低い情報は発表されない）		情報の発表は，可能性が高い場合のみ	大雨に関する情報は，2 日先まで	大雨等の予想は地域の最大値のみ	警報になる可能性の情報あり	特別警報になる可能性は不明	市町村より狭い範囲では，50 年に 1 度以下の場所は不明	市町村内の詳細な危険度は不明	予想時間毎の変化の傾向は不明．警報 II の詳細な程度は不明
気象専門家のアドバイス（ほぼ 1 つの市町村を担当）	地方程度の範囲と災害特性を考慮した災害の可能性の推定	可能性が低い場合でも，可能性を指摘できる場合がある	台風の性質，天気図，ガイダンスから大雨，暴風の可能性の詳細な推定	担当する市町村における雨風の予想の推定	予想値に加え，擾乱の移動の変化に伴う警報の可能性も考慮できる	特別警報級の災害が発生する可能性の予想．必要とされる対応の規模の推定	市町村でも特に警戒が必要な地域の推定	現地の過去の災害との比較による災害規模の推定	現地の過去の災害との比較による災害規模の推定（数十年スケール）

の遅れや見逃しができるだけ少なくなるように表現していること，②比較的確度が高い状況になって提供していること，である．専門家でない（あるいは専門家からのアドバイスのない）利用者は，この情報に基づいて対応することになる．ただ，市町村単位で具体的な防災対応が必要となる「重大な災害」のおそれを気象庁が警報として発表するのは，大雨の場合は早くて 3 時間前であり，避難勧告や避難指示がその後必要になるかどうかの情報は含まれず，新たに発表される情報によって対応することになる．気象の専門家のアドバイスを受けることで，個々の情報のもつ意味をより深く理解し，多くの予想天気図や観測情報の中から情報の根拠となるものを選び出して活用し，気象の知識と知見を加えることで，表 1.3 の下段に示された検討が可能となり，効率的な防災活動が期待される．

これは，航空機の操縦席のたくさんの機器・スイッチとそれを操るパイロットに例えることができるかもしれない．ジャンボジェット・ボーイング 747 の計器・スイッチ・ライトの数の合計は，多いときには 900 個以上（747-200）あったそうだ．その後画面の簡素化が進んだが，それでも約 300 個（747-400）が並んでいる．そのような多くの機器を前にして，パイロットはそれぞれの機器・スイッチを使い分け，たとえ航空機に異常があった場合でも，安全に操縦し，離着陸を行っている．むしろ，異常があった場合ほど多くの情報を利用するのかもしれない．ただ，パイロットにとってはすぐに手が届くところにさまざまな利用価値の高い資料が用意されていても，それぞれの役割と使い方がわからない人たちには，資料が多くて複雑なシステムにしか見えず，どのように使い分ければ良いのかよくわからないだろう．

現在，先進旅客機はほとんど自動で離陸から着陸まで行うことができるそうである．トラブル等がなく空路の気象が安定しているときは，これでも十分であろうが，トラブル発生時等には，多くの機器とその取り扱いを熟知して，いろいろな状況に対応できるパイロットが必要であり，そのことが航空機を安全に，安心して利用することができる理由の 1 つである．

気象についても同様のことがいえるのではなかろうか．

1.3 防災対策支援のための気象予報活用モデル事業

防災気象の分野における多くの情報の中から，法律で規定されている気象等の警報だけを使い防災対応を行うことでも，災害を軽減することは可能である．ただ，他の多くの気象情報の中から，災害のおそれの程度や災害発生までの猶予時間に応じて，関係する情報を適切に選び活用することで，効率的に，より多くの災害を減らすことが可能である．そして，このような役目を果たすには，気象に対する十分な知識を有する人が必要であることは先に述べたとおりである．

このような観点から，気象庁では，2016 年度に，「地方公共団体の防災対策支援のための気象予報活用モデル事業」（以下，モデル事業とよぶ）を実施した（気象庁，2017）．その主なねらいは，地方公共団体の現場に気象の専門家を置くことが，全国の地方公共団体の防災対応力の向上に資することを明らかにし，さらに，その専門家として気象予報士が有効であることを示し，その活用を促すことである．

1.3.1 モデル事業の概要

モデル事業を開始するにあたっての気象庁の問題意識は以下の通りである（気象庁，2017）．

> 「気象庁は，気象業務法等に基づき，警報・注意報や土砂災害警戒情報等の防災気象情報を発表している．この情報は，都道府県を通じて市町村に伝達されている．その一方で，その情報を受け取る市町村では必ずしも防災を熟知した担当者が配置されておらず，気象庁が発表する防災気象情報が避難勧告等の迅速かつ適切な発令の判断等に十分活用されていないところがある．
>
> 例えば，「平成 26 年 8 月豪雨」（2014 年）について広島市が実施した「平成 26 年 8 月 20 日の豪雨災害避難対策等に係る検証結果」においては，「防災を担当する職員の資質向上を図っていく必要がある」と提言されており，平成 27（2015）年 1 月に国土交通省から公表された「新たなステージに対応した防災・減災のあり方」においても，「避難勧告等の的確な発令のための市町村長への支援の一つとして多くの市町村において防災の専門家がいないことから，平時か

ら専門家が支援できる体制を検討する必要がある」とされている」

この課題を解決する一方法として，気象庁は，気象防災に関する専門的知識をもつ気象予報士を，出水期（2016年6～9月）の間地方公共団体の防災の現場に派遣し，派遣先の地方公共団体の防災対策を支援する「モデル事業」を実施することとした．

事業では，6つの市を選定して気象予報士を派遣し，次のような防災対応を支援した（表1.4）．

表1.4　派遣気象予報士の業務内容

時期	項目	内容
平常時	日々の気象解説	・天気予報，週間天気予報等を毎日解説
	気象講習会等の実施	・市の職員を対象にした防災気象情報の勉強会，講習会 ・地方気象台と連携した地域の出前講座
	気象庁の防災情報提供システム※1の利活用促進	・利用方法の解説 ・派遣市の地域特性等を考慮したマイページ※2の設定 ・円滑に利用するためのマニュアル作成 ・改善要望の収集
	防災マニュアル等の作成，改善支援	・地域防災計画，防災マニュアル改善のアドバイス ・防災気象情報の利活用と防災対応のマニュアル作成（必要時）
	防災訓練への協力	・（市からの要請があった場合）
大雨の際の防災対応時	防災気象情報の解説 気象状況の見通しの詳細解説	・防災気象情報の分析に基づく，最新の気象状況及び警戒すべき事項の把握 ・防災体制の確立等に向けた，市職員に対する詳細な防災気象情報の解説 ・災害対策本部会議等において，避難勧告等の判断に向け，市長等に対する詳細な防災気象情報の解説を実施する．これらの解説等を通じて，派遣市の防災対応を支援する ・大雨が継続する場合，バックアップ要員（派遣気象予報士の交代要員として，本事業の受注者において準備する気象予報士）が支援

※1 気象庁の防災情報提供システム：インターネットを活用して，Webおよび電子メールにより各地の気象台が発表する防災情報を提供するシステム．市町村や各防災関係機関からの申請に基づき，IDが付与される．ユーザー限定のシステム．

※2 マイページ：気象庁の防災情報提供システム上で利用目的や状況により必要な情報・画像をユーザーが選択して並べて表示することができる機能．

表 1.5　派遣気象予報士の事前研修カリキュラム（於気象庁）

	1	2	3	4	5
	09：30〜10：45	11：00〜12：15	13：15〜14：30	14：45〜16：00	16：15〜17：30
1日	危機管理総論		風水害のメカニズムと実態	防災行政概要	災害法体系
2日	防災計画	避難勧告等の判断・伝達マニュアル作成ガイドライン	警報等の種類と内容	警報避難対策の枠組	避難場所・避難所の認定
3日	土砂災害における警報と避難	広島の土砂災害の事例に学ぶ	風水害における警報と避難	風水害におけるタイムライン計画	
4日	地方公共団体の防災対応①	災害広報（概論）	訓練企画の枠組み等	状況付与型図上訓練	
5日	国の危機管理と気象庁の役割 気象庁の組織と業務概要 地方気象台の業務概要	気象台における地方公共団体の防災対策への支援	災害エスノグラフィー※	地方公共団体の防災対応②	
6日	防災気象情報について（土砂災害対策）	防災気象情報について（洪水・浸水対策）	防災気象情報について（解析雨量，降水短時間予報，ナウキャスト）	防災気象情報について（台風）	防災気象情報について（防災気象情報の種類・特徴）
7日	防災気象情報について（府県気象情報の活用）	防災気象情報について（天気予報，週間天気予報）	防災気象情報について（気象観測の概要等）	気象庁の地震津波業務	地方公共団体の防災対応③（派遣気象予報士に期待すること）
8日	気象庁の火山業務	地方公共団体の防災対応④（派遣気象予報士に期待すること）	防災気象情報について（高波・高潮）	気象庁の防災情報提供システムについて	
9日	防災気象情報について（地震・火山・津波）	地形と災害	地域調査演習（特定地域の災害・防災に関わる「地域の概要」（簡単な地誌）の作成）		
10日	現業（予報，地震火山）見学		市町村の防災担当者向け気象庁ワークショップ		全体討論・閉講式

灰色は，気象庁職員以外の講師による講義．白色は，気象庁職員による講義．

※　災害エスノグラフィーとは，災害現場に居合わせた人たち自身の言葉を聞き，個人の体験をもとに，将来に向かって残すべき教訓や，他の災害にも普遍化できる知恵や事実を明らかにすることである．

○派遣する気象予報士の平常時の業務

- 地方公共団体職員の気象防災に関する知識の向上，防災気象情報の理解促進を目的とした日々の気象状況の解説
- 防災気象情報の利活用方法の説明

○大雨の際の防災対応時の業務

- 地方公共団体の防災担当職員等に対し，気象庁の警報・注意報およびその他の防災気象情報を解説することにより，地方公共団体が実施する防災体制の構築（職員の参集や指定緊急避難場所の開設）や避難勧告のタイミングおよびエリアの判断等の防災対応を支援する．

この事業の実施に先立って，派遣する気象予報士に対し，表 1.5 に示した事前研修を実施している．これに加え，派遣市の詳細な気象特性の把握，過去に発生した災害や災害対応事例の調査報告およびハザードマップの確認，地域防災計画や防災マニュアル等の内容確認，および気象特性等をふまえたそれらの改善点の検討を実施している．

1.3.2 モデル事業の成果

気象庁は，このモデル事業を実施した結果，市町村の防災対応の現場に気象予報士がいることの有効性が確認される成果があったと報告している．

また，その成果を元に整理した「市町村における気象予報士等活用のためのガイドライン」には，気象予報士等を活用することにより次のような効果が期待されるとした．すなわち，気象予報士等は，気象現象の解析・予測についての高度な専門知識を有しており，市町村の防災対応において，迅速な防災体制の立上げの助言を行い，首長の避難勧告等の発令判断を補佐すること等が期待される．

1.4 気象の専門アドバイザーに求められる技術

モデル事業においては，市町村の防災対応の現場における気象予報士等に必要な資質として，①専門家としての知見，②地域特性の把握，③説明力，④信頼関係の構築，の 4 つがあげられている．このうち，気象の専門家として最も

重要なのは，①専門家としての知見，であろう．具体的には，次のような知識・知見に基づいた検討が欠かせない．

- 気象現象の理解．これにより，災害の種類とその時間・空間的範囲をより精細に想定できる．また，発表された情報の内容を典型的な現象の特徴と比較することで，今回の現象にどのような特徴があるかを理解でき，その後の推移と別のシナリオの可能性を想定できる．
- 予測技術や手法の理解．これにより，予測の限界，リードタイム，精度等がわかり，情報の取得頻度，防災対応が変わる．
- 防災気象情報それぞれの目的と特徴の理解．これにより，情報の適切な利用とともに利用の限界を理解できる．特に，防災・減災に関する制度の理解は，防災気象情報の利用において必須の事項である．

1.5 気象情報のさらなる活用の例

1.4 節に示した技術を習得している気象の専門家は，具体的にどのようにして多くの気象資料を活用し，表 1.3 に示した作業を行い，災害の軽減に貢献することができるであろうか．

以下に，専門家の考察と判断の 1 つの例として，2016 年 8 月 30 日，台風第 10 号の上陸に伴い，岩手県東部を中心に河川の氾濫（はんらん），土砂災害が発生し，23 人が犠牲となったときの状況を，防災気象に関する専門家の視点から少し詳しく見てみよう．ここでは，仮に岩手県東部の自治体活動へアドバイスを行う立場から，情報の利用を中心に話を進めていく．ここで大事なことは，「台風だからすべて怖い」ではなく，どこの何が怖いかを可能な限り細分して明確にすることで防災対応をそこに集中させることであり，「正しく怖がる」ことである．

a. 防災対応の始まり

防災対応の始まりは，5 日先までの台風予報で東北地方への影響の可能性を知ることであろう．それは，ニュースや天気予報で知ることができる．情報にはプッシュ型とプル型があることは多くの人が知っていることと思う．プル型の情報は，情報のあるところ，たとえばウェブページの特定の場所に利用者が自らアクセスして初めて得られる情報のことである．一方プッシュ型の情報は，テレビや自分のパソコンやスマホ等に自動的に受信されるもので，新たな情報の必要性を自ら判断する必要なく，確実に入手できることが利点であり，行動のきっかけとなる情報，あるいは緊急を要する行動をうながす情報の入手に適している．たとえばスマートフォンにおける緊急地震速報やエリアメールは代表的なプッシュ型の情報である．数日先の防災上重要な情報の場合は，テレビやラジオの天気予報・ニュースも，プッシュ型情報に近いと判断できるであろう．気象専門家でなくとも，週間天気予報は多くの人が見ており，5 日前からの台風の動きについては，天気予報等の情報をきっかけにすることで十分である．

さて，このプッシュ情報を入手した後，まず確認したいのが早期注意情報（警報級の可能性）（以降は，単に「警報級の可能性」と省略する）である．これは，天気予報の発表と合わせて発表され，5 日先までの大雨，暴風等の警報の可能性が「高」または「中」程度あるかどうかを伝える．可能性がある程度以上高いと判断されたときにしか発表されないが，大雨警報の可能性が「中」程度の場合でも，対象となる府県のどこかの市町村で 1 日のうちに実際に警報が発表された割合は約 50% とされている（5.1.4 参照）．この時点で，警報の可能性に関する情報が発表されていればもちろん，そうでなくとも台風の予報円内に入っているのであれば，岩手県東部に早期の対応が必要な規模の災害が発生する可能性（ポテンシャル）についての判断を行う．岩手県では，過去に，アイオン台風（1948 年の台風第 21 号）により死者約 400 人となる甚大な被害を受けている（岩手河川国道事務所，2018）．このような災害が発生する場合には，大規模な防災活動が必要であるとともに，住民の早めの準備，あるいは 1 週間程度先までの計画の変更等が求められる．なお，本書では，過去の台風を引用することが多いため，表 1.6 に室戸台風以降の，死者・行方不明者数が多い台風を示す（筆保他，2014）．

ここでは，台風第 10 号の中心気圧，暴風半径，今後の強さの推移，等圧線や等温線の分布の変化，温帯低気圧への変化の可能性を判断する．そして，現在と過去の大災害時の天気図との比較でこの台風が東北地方に近づいた場合に考え得る災害を想定する．5 日前の 25 日，台風第 10 号はほぼ停滞している．気象衛星では眼がはっきりしており，台風としての勢力が維持されていることがわかる．海水温も関東地方付近まで 27℃ 以上ある．台風はその後北東進し，

表 1.6 死者・行方不明者数が多い台風（筆保他，2014）

順位	台風名（年月）	死者・行方不明者数
1	伊勢湾台風（1959/9）	5098
2	枕崎台風（1945/9）	3756
3	室戸台風（1934/9）	3036
4	カスリーン台風（1947/9）	1930
5	洞爺丸台風（1954/9）	1761
6	狩野川台風（1958/9）	1269
7	周防灘台風（1942/8）	1158
8	ルース台風（1951/10）	943
9	アイオン台風（1948/9）	838
10	ジェーン台風（1950/9）	508

予報円の中心付近は日本に上陸する予報となっている．円の中心は関東地方にあり，予報円の大きさは直径約 1000 km であり，中心気圧は 950 hPa 程度が予想されている．この程度の強さの台風の上陸は数年に 1 度程度であり，ほとんどが大きな災害をもたらしている．一般に台風は北上とともに衰弱することが多いが，これらの分析から，今後十分に警戒が必要な台風であることが推定される．また，東北地方では 2002 年に東北地方を 2 つの台風が通過して大きな被害が発生した．2002 年の台風第 6 号の上陸時には，北上川の水位がアイオン台風以来となった．今回は，それらと同程度の被害の発生の可能性はある．ただ，暴風域が大きくないため台風の渦に伴う大雨の範囲は限られており，付近に前線もないこと，移動速度が遅い予想ではないこと等から，アイオン台風接近時に記録した 400 mm を超える降水があるとしても，その範囲は小さく，暴風の範囲も大きくないことなどから，この時点ではアイオン台風並の災害が想定される状況とまでの判断には至らないだろう．

このような検討により，今後の防災に関わる留意点が台風予報に掲載されている情報よりも明確になってくる．この時点で，台風予報の他に，「警報級の可能性」，実況の地上天気図，気象衛星画像，海面水温図，数値予報，アイオン台風時の天気図と災害情報，過去の災害情報と，8 種類のプル情報を利用していることに注意してほしい．

b. 3 日前から 2 日前にかけて

3 日前の 27 日 21 時発表の台風予報では，東北地方が予報円にすっぽり入り，

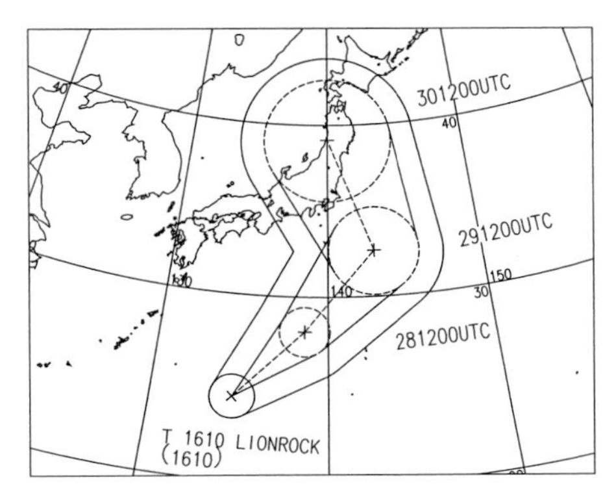

図 1.1　台風第 10 号の台風予想図（2016 年 8 月 27 日 21 時）

予報円の中心は福島付近から秋田付近まで東北地方をほぼ縦断している．暴風域は半径約 150 km と大きくないものの，上陸直前でも 950 hPa 程度が予想されている（図 1.1）．数値予報の地上予想図でも，中心付近に等圧線が密に並んでいる．台風の構造が維持されたまま上陸する可能性が高いため，特に中心付近および進行方向の右側では風雨ともに相当強いことが予想される．台風の 3 日予報は中心位置の平均の予報誤差が 250 km 程度あるため，予報円の中心からやや離れたところでも警戒が必要だが，統計的には予報円の中心に入る確率が最も高いので，東北地方は最も警戒が必要である．

2 日前の 28 日 15 時頃に Fax で入手できる全球モデル（GSM＝global spectram model）による数値予報天気図（図 1.2）では，台風が通過する 30 日 9 時から 31 日 9 時までの予想降水量は東北地方東部で 170 mm 程度である．また，東北地方太平洋側の，台風の進行方向の右側にあたる地域では，台風の強風が山地にぶつかり，地形性の大雨となることが想定される．ただ，全球モデルの表現する地形は十分でなく，格子間隔も積乱雲に比べてかなり大きい 20 km であり，降水量は少なめに予想されることがほとんどである．このため，岩手県では等雨量線で示された 100 mm を超える地域では，かなりの大雨となる可能性が高いことを想定しておく必要がある．風についても台風中心が通れば 40 m/s の猛烈な風となるおそれがある．岩手県は，ほぼ台風の進路の中心，またはそのやや東側にあたる．予報円がかなり小さくなったため，予報がずれた場合でも岩手県は雨・風ともに強い地域に入る可能性が高く，厳重な警戒が

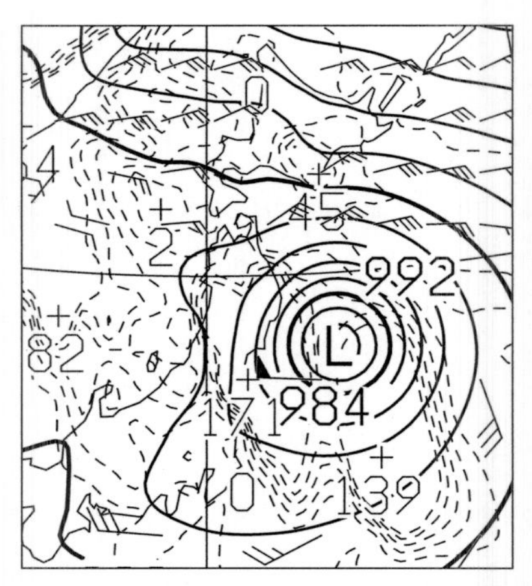

図 1.2　全球モデル（GSM）の地上気圧と 24 時間降水量の 72 時間予想天気図（2016 年 8 月 28 日 9 時初期値）

必要になってきた．

c.　24 時間前から 12 時間前にかけて

24 時間前になると，予報円とその包絡線はほぼ東北地方に入る予想となった（図 1.3）．また，29 日 17 時 20 分発表の全般台風情報によると，東北地方は翌日までの 24 時間で最大 350 mm の大雨が予想されている．台風情報は，進路予報の誤差等も考慮して地域最大の数値に要約しており，雨の詳細な分布はよくわからない．また数値予報そのものでは，予想値がやや少なめに出るおそれがある．そこで，数値予報のメソモデル（MSM＝meso scale model）の降水量ガイダンス（図 1.4）で確認すると，東北地方の山地の東斜面と，台風中心の経路付近でかなり多いことがわかる．しかも，大雨の降る期間は 3 時間程度であり，その前に降水が少なかったからといって油断できない．

この，24 時間に 350 mm という数値は，東北地方では記録的な数値の所がほとんどである．実際，100 年以上観測している宮古でも日雨量の歴代の最大値は 319 mm である．これらの大雨のうち地形性降水の量は，台風中心が東側を通るか西側を通るかで極端に異なる．また，台風の中心付近の勢力が依然として強いため，台風の中心を通る地域では，1 時間降水量が 80 mm 以上の猛烈な雨となるおそれも大きい．

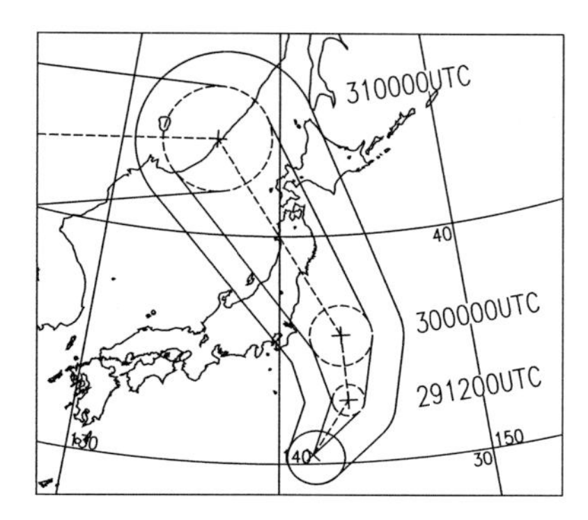

図 1.3　台風第 10 号の台風予想図（2016 年 8 月 29 日 09 時）

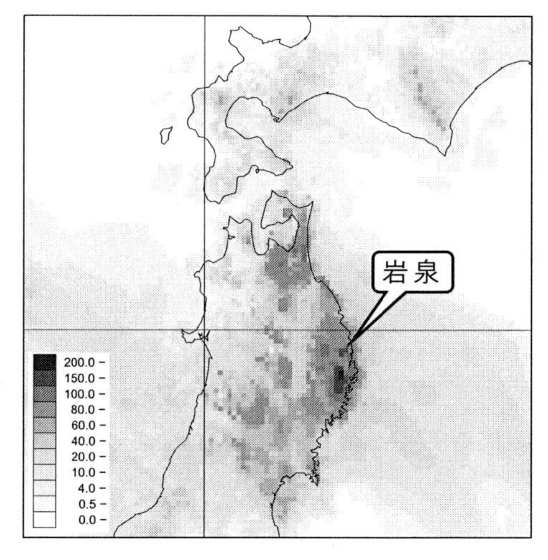

図 1.4　MSM 降水量ガイダンス

2016 年 8 月 30 日 18 時の前 3 時間降水量予想．岩泉では 3 時間に 150 mm を超える予想となっている．この資料は 2016 年 8 月 29 日 9 時が初期時刻であり，29 日の午後には入手できる．

これらのことから，岩手県の東部では，過去数十年で最も甚大な洪水，土砂災害のおそれが高くなってきたと判断される．ただし，台風の進路が予報円の一番北を通り岩手県の北側にそれると，大雨はそれほどではない可能性もある．

一方，29 日 15 時の時点で，岩泉の前 24 時間降水量は 35 mm である．ただ，岩泉では，17 日にも 108 mm の大雨になっており，その後も 1 日 30 mm 程度の雨が21，22，26日と続き，土壌水分は多く地盤が緩んでいる．さらに，土壌水分が多く土壌の保水量が限界に近いため，少しの雨でも河川が増水しやすい状況である．これらのことから，岩手県では大きな災害のおそれが一段と強くなってきたと考えられる．

12時間前の30日9時のGSM資料によると，台風は当初の予想よりかなり勢力が弱くなっており，12時の台風情報でも24時間降水量は最大で250 mmとやや少なめに修正されている．一方で，雨の強い地域は岩手県，青森県，秋田県に絞られてきた．250 mmの降水量でも過去最大の地域もあり記録的であることには変わりはない．大雨は予測がかなり困難であることから，数値を盲信することなく目安として利用し，実況の監視を怠らないことが重要である．

d.　6時間前から災害発生まで

30日12時頃から岩手県東部で雨が強くなってきた．30日15時には，24時間雨量が100 mmを超えたところが増加しつつあり，台風が岩手県を通過するまで，あと6〜9時間程度である．

この時点が，災害に関する情報の詳細がより明確になり，かつ対応が可能なぎりぎりの時間帯であろう．

15時までの解析雨量によると総降水量は福島県東部がやや多いものの，台風がその北を通り，岩手県南部付近から青森県西部を縦断するおそれが最も大きいことから，岩手県では，台風中心付近の通過による大雨に地形降水が加わり，短時間に大雨が降るおそれが大きいことがわかる．降水短時間予報でも，岩手県東部の降水が特に多い．

さらに，河川を流れる水量の規模に対応する「流域雨量指数」によると，岩手県東部の多くの河川，とりわけ，宮古市，岩泉町において，その3〜6時間後には1991年以降の最高値を大きく超え既往値の1.2倍程度以上となる予想が，防災情報提供システム（気象庁が防災機関向けに提供しているネットワークシステム）で確認されている．岩手県東部は山地で傾斜が大きいため，特に短時間の大雨が降ると，一気に川を流れ下る．これまでの統計によると，流域雨量指数が既往値の1.2倍を超えた全国各地の多くの地域では，人命に関わる大きな洪水・浸水被害が発生していることから，この地域でもこの数十年になかったような大きな災害のおそれが高まっており，これまでにない対応がただ

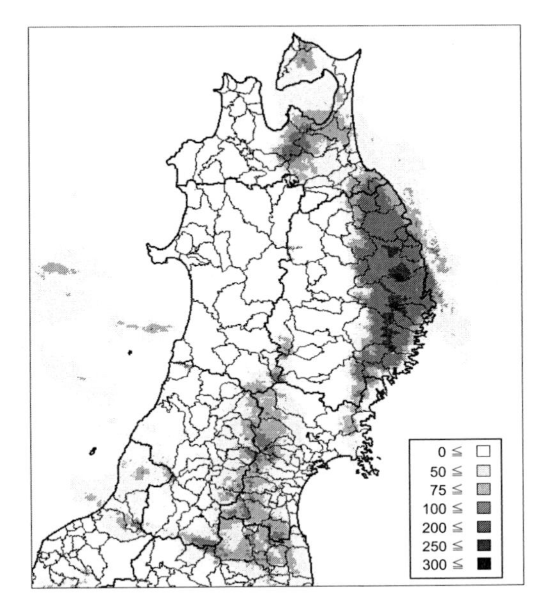

図 1.5　解析雨量による日雨量
2016 年 8 月 31 日 0 時の前 24 時間積算降水量分布.

ちに必要であると考えてよい.

一方，風は過去の資料と比較して，それほど記録的なものではない．また，風がそれほど強くないことから，1 m を超えるような高潮のおそれはまずないとみられる.

結果として，未曽有の災害に襲われたのは，東北地方では，岩手県のごく一部地域である．実際，解析雨量（図 1.5）によると，岩手県東部の山間部，特に宮古市，岩泉町の一部で，31 日の前 24 時間雨量が 250 mm を超えており，300 mm を超えている箇所もある．他の地域でも，それぞれ被害が発生しているが，結果からみると，東北地方でも岩手県東部のこの地域ではかなり手厚い防災対策が必要だったことになる.

e.　まとめ

ここで示した対応では，多くの防災関係者が利用するプッシュ情報をはるかに超える種類の情報を利用している．警報・注意報・情報とともに，関連するさまざまなプル情報を活用することで，24 時間前には，東北地方でこの数十年で最も大きな洪水，土砂災害等の被害のおそれがあること，12時間前には，予想降水量がやや少なめに発表されたが，そのことにより誤った安心感をいだくこともなく，さらに，5，6時間前には，岩手県東部山間部のより限られた地域で，少なくともこの20〜30年以上経験したことのない，浸水・洪水被害のおそれが高いことを知ることができる．それこそ山ほどある気象情報の中から適切な資料を効果的に選び出して利用することで，被害に遭った多くの人が口にする「これまで経験したことのない災害だった」ことを，より早い時点でより具体的に予想することができるわけである．

1.6 地方自治体における気象の専門アドバイザーの役割

近年急増する気象災害の軽減に向け，自治体における防災体制，意思決定の強化が叫ばれている．これに対して，地元の気象台では，地域の防災力の向上に向けた組り組み，たとえば緊急時の地方自治体への防災対策の支援（JETT）（気象庁，2019a），平常時の普及啓発活動の取り組み等を行っている（具体的には「気象業務はいま 2019」（気象庁，2019b）等を参照されたい）．一方自治体の側からは，気象情報の理解と整理ができ，かつ地域の災害特性，過去の災害等を考慮して，気象台と連携して行動する人材が求められる．モデル事業でも明らかになったように，気象予報士はその適切な人材の一分野と思われる．もちろん，気象予報士は，気象庁の予報官のような予報の経験がない人が多く，特に，顕著な災害時における気象の特徴の把握や予報，現象が急変した場合の対応等には慣れていないことが多い．ただ，さまざまな気象情報を理解する素地ができていることは大いに評価すべきである．

それに，市町村やそれより狭い範囲を対象とした防災を考えるとき，気象の知識の次に重要なことは，その土地特有の情報を熟知していることと思われる．一般に気象庁から発表される気象情報は，分野や専門が異なる多くの人達が利用することから，その表現は，災害の見逃しにつながることのないように，災害の発生のおそれのある地域の区分や予想値を大くくりにする傾向がある．例えば，雨量や風速は対象範囲の最大値のみが伝えられる．

しかし，市町村やそれより狭い範囲を対象とした場合には，被害域の広がりや河川の増水の判断に欠かせない平均的な雨量，また雨・風が強いのはごく局地的なのか，広い範囲なのか，情報の精度がどの程度であり，次の時間にはどのくらい修正の可能性があるかを判断できる人材が必要である．さらには，1.5節の対応でもわかるように，気象の知見を地域固有の情報と合わせて判断を行うには，その地域固有の気象特性だけでなく，その地域の災害の特性，過去の災害とそのときの気象状況，災害の発生頻度と地元の人たちの災害に対する意識，地域防災計画等，その土地特有の情報を熟知しておくことが重要である．

したがって，気象の専門家であっても，一人で多くの市町村を担当することは適切ではなかろう．

本書は，気象予報士程度の知識を有する読者を前提としており，防災気象情報の定義にとどまらず，情報の内容，利用可能範囲，精度，有効な使い方等を詳細に解説している．また，災害をもたらす代表的な現象については，防災の観点から特徴やその現象に対する検討のポイントについて概略をまとめている．これらの説明に際しては，過去の事例を用いた説明を，現象や災害の予想の観点から適宜加えている．法規や制度については記述を最小限に留めた．なお，モデル事業実施に際して，派遣された気象予報士に対して行われたカリキュラムと比較すると，防災気象情報および気象の予測に関する技術的事項がより詳細に説明されている．防災気象情報に関する技術に関してはやや多くのページを割いているが，防災気象情報の根拠となる部分でもあるので，参考にしていただきたい．

文　献

[1] 筆保弘徳，伊藤耕介，山口宗彦，2014：台風の正体，気象学の新潮流 2，朝倉書店，9.

[2] 岩手河川国道事務所，2018：アイオン台風の記録．http://www.thr.mlit.go.jp/bumon/j73101/homepage/rireki/06/kathleen_ione_typhoon60/ione/index.htm（2018. 1. 15 閲覧）

[3] 気象庁，2017：地方公共団体の防災対策支援のための気象予報士活用モデル事業の結果報告について．http://www.jma.go.jp/jma/press/1704/27a/yohoushi_project.html（2018. 4. 1 閲覧）

[4] 気象庁，2019a：JETT（気象庁防災対応支援チーム）の創設．https://www.jma.go.jp/jma/press/1803/15c/jett180315. html（2019. 7. 31 閲覧）

[5] 気象庁，2019b：気象業務はいま 2019．https://www.jma.go.jp/jma/kishou/books/hakusho/2019/HN2019. pdf（2019. 7. 31 閲覧）

CHAPTER 2

現象と災害を知る

2.1 現象のスケール

気象情報の活用のためには，現象のライフタイムにおけるステージ，現象の激しさの程度，災害発生までに対策が可能な時間，いわゆるリードタイム等をよく理解することが必要である．そのためにはまず，どのような災害に対してどのような現象があるのか，災害および現象のスケールはどのくらいかを理解することが重要である．ここでは，大雨，暴風，大雪，高潮の災害をキーワードにして，災害と現象の特徴とともに，災害の時間・空間スケールについて解説する．なお，大気中のさまざまな現象の時間・水平スケールについては，小倉（1999）などを参照されたい．

2.2 大雨と災害

大雨をもたらす現象で代表的なものは台風，低気圧，前線，それに（前者とはややくくり方が異なるが）集中豪雨である．このうち，災害をもたらすことの多い台風と集中豪雨による大雨を，空間規模，代表的降水量等で分類し，その特徴とともに表 2.1 に示した．また，これらに伴って発生する災害，およびアドバイザーが資料を用いて検討を開始することが望まれるおおよその時期を，検討開始時期として合わせて示した．台風による大雨の分類は，気象学的に厳密なものではなく，防災の観点から定性的に取りまとめている．また，その１つ１つが独立して発生するわけではない．台風による大雨の監視の際に留意すべき事項として理解いただきたい．

大雨による災害は，気象災害の中でも最も頻繁に発生している．このうち，

表 2.1 台風と集中豪雨による大雨の分類と災害

	台風による大雨					集中豪雨
	台風域の全般的な大雨	前線と関係する大雨	地形性の大雨	台風中心付近の大雨	帯状降水帯による大雨	
空間規模	数百 km	数百 km	数十～百 km 程度	半径数十 km	数十 km の幅	数十 km
代表的降水量	日雨量の最大 300～800 mm 程度	台風単独の大雨に前線の影響が加わる.	50～80 mm/h が半日～数日継続	80～100 mm/h が数時間継続	80～100 mm/h が数時間継続	80～100 mm/h が数時間継続
特徴	大気下層の相当温位が高い (340 K 以上) 範囲で大雨の傾向	前線の南側から湿潤な空気塊が入ると大雨の傾向	早めに降り始め, 持続する傾向があり, 総降水量が多い	普段雨の少ない内陸部でも大雨	乾燥域, 湿潤域の境付近で, 短時間大雨の傾向	大気下層の相当温位 340 K 以上, 風の鉛直シアがあるときに発生の傾向. 数値予報の予測が困難.
災害	大雨災害全般	大雨災害全般	大河川の氾濫, 深層崩壊のおそれ	大雨災害全般・短時間の大雨による災害 (土石流・都市部の浸水)	大雨災害全般・短時間の大雨による災害 (土石流・都市部の浸水)	大雨災害全般・短時間の大雨による災害 (土石流・都市部の浸水)
検討開始時期	3～4 日前	3～4 日前	2～3 日前	1～2 日前	半日～1 日前	半日～1 日前

被害の規模が大きく早期からの対応が望ましい災害として, この数十年に発生した代表的災害を, 種類ごとに分類して表 2.2 に示した. これらは, 広範囲に大量の降水があって発生するもの, 範囲は広くなくとも強い雨によりもたらされるもの, 先行降雨と合わせて降水が多いときに起きるもの等に分けられる. 2 つの表の「検討開始時期」は, 現象の規模と持続性, 予想資料の精度等に基づいておおまかな目安として記載しているが, 個々の事例によりかなりの幅があることに留意されたい. また, この検討開始時期の違いは利用可能な数値予報のモデルの違いに対応している. 4 日以上前の場合は, 週間予報および台風モデル, 3 日前までは全球モデル, 2 日前まではメソモデル, 半日の場合は, メソモデル, 局地モデルおよび実況の併用を目安に考えていただきたい. それぞれの時点における現象の特徴, ライフステージの判断には, 数値予報の他, 気象衛星画像をはじめとする観測データを活用すべきである.

表 2.2 数十年に 1 度の低頻度で発生する大雨による大災害の分類

	大河川の氾濫	大規模崩壊（深層崩壊）	大規模崩壊（表層崩壊・土石流）	大都市の氾濫	中・山間地の中小河川氾濫，土石流
規模	指定河川程度以上の流域面積の河川の破堤，氾濫	幅・高さ数百 m 程度以上の大規模な崩壊	数十 km の範囲での非常に多くの数の崩壊	名古屋市，東京 23 区の一部等，20～30 km 程度以下の広がり	岩手県岩泉，福岡県朝倉市等，数十 km の規模
発生の目安	12～24 時間降水量が数十～50 年に 1 度	土壌雨量指数が数十～50 年に 1 度	土壌雨量指数が数十年に 1 度．土石流は 50 mm/h 程度以上の雨で発生	表面雨量指数（1, 3 時間降水量）が数十年に 1 度	流域雨量指数・土壌雨量指数が数十年に 1 度
特徴	流域の大きさと上流域の傾斜の違いで流量と相関の高い降水量の積算時間が変わる	発生地域に地質等の偏り	風化花崗岩，火山堆積物等の地質で多発の傾向	広がりをもつ降水帯による短時間の強雨発生	河川氾濫と土石流，表層崩壊で避難場所が限定される
過去の事例	1999 年 8 月熱帯低気圧（荒川），2004 年台風第 23 号（円山川），2005 年台風第 14 号（五ヶ瀬川），2015 年 9 月（鬼怒川）	2011 年台風第 12 号（紀伊半島）	2013 年台風第 26 号(伊豆大島),「平成 24 年 7 月九州北部豪雨」(2012 年)（阿蘇），2014 年 8 月（広島）	1993 年台風第 11 号，2004 年台風第 22 号(東京)，2000 年 9 月（名古屋市）	2016 年 第 10 号(岩手県岩泉町),「平成 29 年 7 月九州北部豪雨」(2017 年)（福岡県朝倉市）
検討開始時期	3～4 日前	3～4 日前	半日～3 日前	半日～2 日前	半日～2 日前

2.2.1 台　風

雨は，多量の水蒸気を含んだ空気が上昇して水滴となり生成される．多量の水蒸気といっても，大気中の水蒸気がそのまま上昇しただけでは日本ではせいぜい 60 mm 程度の雨しか降らすことができない（これを可降水量とよぶ）．ある地点でそれ以上の大雨になるには，①大量の水蒸気が運ばれてきて，②それが上昇気流により凝結すること，が必要である．さらに，持続的に大雨を降らすには，③海面等から水分を蒸発させて水蒸気を継続的に供給すること，が必要である．この 3 つの条件を高いレベルで満たすのが台風である．また，集中豪雨と比較すると，スケールが大きく現象としての持続時間が長いことから，台風に伴う大雨の予測の精度は，集中豪雨の予測と比較して一般に高い．

台風に伴う雨は，主に台風の渦による上昇流に伴う「渦性の降雨」と，強い風が山岳の斜面にぶつかって上昇することに伴う「地形性の降雨」に分類することができる．上昇流の要因が大きく2つに分けられるということである．台風の渦による大雨は特に中心付近で強く，台風の中心付近の構造がある程度維持されている限り，1時間に80～100 mm程度の大雨をもたらす．このため，内陸部や瀬戸内海等，ふだん大雨の降らない地域の大雨の記録は台風によることが多い．

この2つの要因から，大雨の予測精度は，台風の強さ，移動方向と速度，暴風の吹く範囲，湿潤な領域の大きさが，どれだけ正確に予想されているかに依存する．また，台風が温帯域まで北上する場合には，大気中・下層における乾燥した空気の台風への流入も，降水量の予想に大きく影響を与える．

これらの特徴の検討と定量的な予想は，全球モデルの各種予想資料で行うことができることから，3日程度前から大雨災害の可能性について検討することができる．なお，空間分解能がより粗い週間予報のモデルを使用するときは，暴風の範囲や台風の強さ，前線との関係等の定性的な検討を行う．

台風は，日本に接近すると，その構造が熱帯低気圧から温帯低気圧に変わってくることが多い．その際に前線やシアーラインが形成され，そこで帯状降水帯等による大雨になることも多い．このようなことから，日本に接近する際の台風による大雨の量とおおよその広がりは，強風域・暴風域の大きさの他，大気下層の高相当温位域とその風の分布，および気圧配置，相当温位の傾度の大きい前線と台風との関係などに大きく影響されることにも留意することが重要である．これら，特にシアーライン等については，格子間隔の細かいメソモデルを併用して活用することが望ましい．

最近の台風で，大雨をもたらした規模の大きい台風として，2005年台風第14号，2004年台風第23号があげられる．ともに半径200 km以上の広い暴風域をもっていて，大河川の氾濫をもたらした．台風第14号では台風中心が宮崎県の西に位置する熊本県天草下島を通過し，強風がぶつかった宮崎県の東側の山岳斜面を中心に記録的な大雨となり，五ヶ瀬(ごかせ)川，大淀川など大河川が氾濫した．宮崎県神門(みかど)では，9月6日13時までの前24時間の降水量が932 mmとなった．一方，福岡県は，中心が通ったものの大雨にはならなかった．これは奄美地方付近の海上にあるときから台風の眼が大きく，中心付近の降水が弱い性質が継続し，さらに，下層の湿潤な空気が強い東寄りの風によって九州の東岸を越えるときに雨が降り，その結果比較的乾燥した空気となり福岡県に流入したためと考えられる．

台風第23号では，北側からの前線の影響で，日本海側で大雨となったのが特徴的であり，日本海に流れ込む指定河川の由良川，円山川が氾濫した．また，普段雨の少ない，香川県，兵庫県，京都府などの一部で日雨量が最大300 mmを超え観測史上最大を記録し，中小河川の氾濫，土砂災害がいたるところで発生し，98人の犠牲者を出した．台風の中心がこれらの地域を通過し，中心付近の渦に伴う大雨が降ったことによるものである．台風は，普段雨の少ない内陸部まで大雨をもたらすことが多く，甚大な災害をもたらす要因の1つとなっていることから，台風の中心の予想が大雨についても重要であることを認識してほしい．

2011年台風第12号は，上陸時の最大風速が25 m/sと暴風域は狭かったが，15 m/s以上の強風域が広く，850 hPaの相当温位345 K以上の範囲は台風の中心から半径700 kmに及んでおり，南寄りの風が斜面にぶつかる地域では，台風が近づく2日以上前の早い段階から，大雨となった．

関東地方を流れる荒川にカスリーン台風以来の高水位をもたらした1999年8月の熱帯低気圧も，最大風速は小さかったものの，広い範囲が低圧部となっており大気下層の相当温位も高かった．

このように，台風ごとに，それぞれが異なる特徴を示すことが多いことから，台風の特徴と大雨をもたらす要因とを比較して対応することが重要である．

2.2.2 集中豪雨と人参状雲

集中豪雨では，大気の可降水量を超える量の雨が降る．したがって，周囲から水蒸気を運んでくる必要があるが，台風のような海面からの多量の水蒸気供給のメカニズムは働かないため，周囲では大雨にならない．大雨が狭い地域に集中する所以である．大気を上昇させるのは地形がきっかけの場合があるが，多くは大気の収束域，あるいは大気の鉛直構造が不安定な地域での積乱雲の発達から始まる．集中豪雨をある程度の広がりで予想することが可能な場合もあるが，いつ，どこで，どの程度の強さの集中豪雨が始まり，終息するかまでを正確に予測することは，現状ではできていない．

集中豪雨は，局地的であるばかりでなく時間的にも急に発生することも多いため，すべての大雨を数時間前から的確に予測することは極めて困難である．しかし，大雨の中には，特徴的なパターンを示す場合もあり，数時間以上の寿命をもつものもあることから，定性的であっても，警戒を要する雨かどうかについて予想が可能な場合もある．

日本で集中豪雨をもたらす線状降水帯の大半は，バックビルディング型形成だといわれている（吉崎・加藤，2007）．これは，短時間強雨をもたらした積乱雲が風下に移動する一方，風上（移動する方向の反対側）に新たな積乱雲が発生するメカニズムがくり返されて大雨が継続する過程のことである．その降水帯を気象衛星や気象レーダーで見ると，降水強度の最も強い場所では次々と積乱雲が発生して，そこから大気中層の流れに従って円錐状に次第に雨が弱まりながら広がった形状を呈していることが特徴的であり，「人参状雲」とよばれている．人参状雲の寿命は，しばしば数時間に及ぶこともある．人参状雲が常に集中豪雨を発生させるわけではないが，警戒を要する状況であると判断することは重要である．2014 年 8 月 20 日未明から早朝にかけ広島で発生し，土砂災害で多くの犠牲者をもたらした線状降水帯も典型的な人参状雲であることが図 2.1 からわかる（加藤，2018）．この図は 0 時と 3 時の解析雨量だが，3 時間の間に急速に発達するとともに「人参」の先は東に移動していることがわかる．このような急発達の正確な場所と時刻を常に 2 時間以上前から予測することは，現状の観測システム，予測技術では困難といわざるを得ない．土砂災害の発生した地域にある広島県三入（みいり）アメダスでは，20 日 4 時までの 1 時間に 101 mm，19 日 20 時から 20 日 4 時の 8 時間に 241.5 mm を観測している．一方，この大雨に対して最初に発表された情報は大雨警報（19 日 21 時 26 分発表）で，次に広島県気象情報が 22 時 28 分に発表された．気象情報によると予想降水量は 20 日 21 時までの 24 時間に多いところで 100 mm であった．その後，1 時 15 分には土砂災害警戒情報が発表され，3 時～4 時頃にかけて甚大な土砂災害が発生している．つまり，警報の発表により最初の情報が入り，それから土砂災害警戒情報の発表までが 4 時間，それから甚大な土砂災害の発生まで 2～

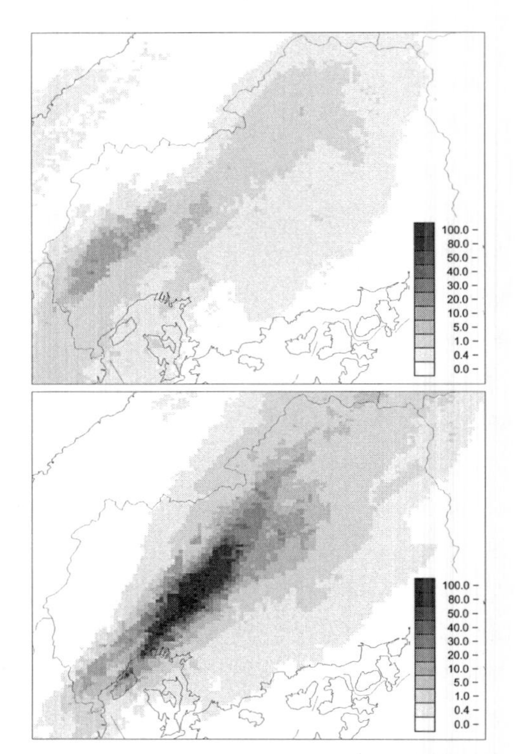

図 2.1　2014 年 8 月 20 日の解析雨量（0 時（上），3 時（下））
20 日早朝，広島で土砂災害が発生し，77 人が犠牲となった．

3 時間の猶予時間しかないことになる．大雨警報により重大な土砂災害のおそれがあることを認識し，土砂災害警戒情報発表の時点で事態の重大性をただちに理解し，その 2 時間後までの未明の時間帯に，災害を避けるための行動を住民にとってもらう必要がある．

人参状雲はいつも同じようなパターンで集中豪雨をもたらすわけではない．図 2.2 は「平成 29 年 7 月九州北部豪雨」（2017 年）における解析雨量である．朝倉市で大雨が降り始めて 2 時間程度経過している．朝倉市はバックビルディング型形成による東西にのびた線状降水帯に覆われている．その一方で，4〜5 つの東西にのびる帯状降水帯が北北西から南南東に並んでおり，これらは全体としてゆっくりと南南東に進んでいる．この時点で，最も強い降水域は今後停

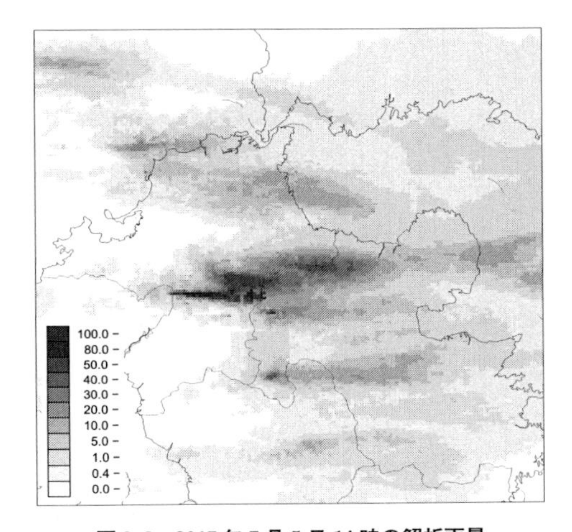

図 2.2　2017 年 7 月 5 日 14 時の解析雨量
「平成 29 年 7 月九州北部豪雨」(2017 年）をもたらした線状降水帯．福岡県中部の帯状降水帯のみが発達・停滞し，他の降水帯は南南東に移動した．

滞するのか，それとも広島の大雨のときのように移動していくのか，停滞する場合はそれがどの程度の時間か，あるいは別の帯状降水帯が発達して別な地域で集中豪雨をもたらすのか，これらの予測もやはり困難であり，目先数十分から 1 時間先程度の傾向を，実況を監視しながら判断せざるを得ない．

ここに示されたような，予測が極めて困難な場合には，短時間の大雨の移動と降水量について，次の 2 つの可能性を想定して，事態の急変に対応できるように対処せざるを得ない．①移動は降水短時間予報，あるいは降水ナウキャストに沿っているが，1 時間降水量の最大は，少なくとも初期時刻と同程度と想定する，②停滞し，降水量も初期時刻と同程度と想定する．このような場合には，降水ナウキャストあるいは速報版の解析雨量の利用が望ましい（第 5 章の精度についても参照されたい）．

2.2.3 土砂災害

土砂災害の規模については，表層崩壊と深層崩壊に分けるとわかりやすい．この 2 種類の崩壊は，崩壊規模，降雨から発災までの時間，先行降雨，発生場所の偏り等に違いがあるからである（表 2.2 参照）．土砂災害には，この他，土石流と地滑りがある．地滑りは深層崩壊の一部と分類する場合もある．土石流は，渓流に堆積した，あるいは崩壊でできた土砂が流下する現象であり，降水強度の強い雨との相関関係が比較的高い．なお，土砂災害警戒情報が対象としているのは，表層崩壊および土石流である．

表層崩壊は，1つの崩壊の規模が比較的小さく，崩壊の深さは2m以下である．表層崩壊は全国至る所で発生する．ただ，比較的発生しやすい地質として，風化した花崗岩や火山灰に覆われた地域がよく知られている．表層崩壊の発生しやすい急傾斜地の崩壊の警戒区域，崩壊した土砂が流下することの多い土石流危険渓流の情報は，国土数値情報で公開されており，ウェブサイト上で，地図形式で閲覧することができる．

過去の顕著な表層崩壊では，風化した花崗岩が広く分布する広島の崩壊（1967年，1999年，2014年），小豆島の崩壊（1976年）や，火山灰に覆われた阿蘇（2012年），伊豆大島（2013年）などの事例がよく知られている．いずれも，斜面の至る所で崩壊が発生しており，崩壊土砂は土石流となり集落まで流下し，多くの犠牲者が出ている．このうち，小豆島と伊豆大島の事例はいずれも台風の大雨による災害である（表2.2参照）．

深層崩壊は1つの崩壊の規模が大きいことが多く，崩壊の深さも数十mに達することがある．深層崩壊は地質等により発生場所に偏りがあることが知られており，「深層崩壊推定頻度マップ」も公開されている（国土交通省，2018）．過去の顕著な深層崩壊では，1889年8月の十津川大水害，1997年7月10日の鹿児島県出水（いずみ）市針原地区土石流災害，2011年台風第12号による大雨で発生した紀伊半島の大規模崩壊などが知られている．台風第12号による崩壊では，大塔町で長さ1100m，幅450m，深さ30mの大規模な崩壊が発生し，その他の崩壊を合わせた土砂の総量は1億m^3にのぼった．深層崩壊では1か所における土砂の総量が大きいため天然ダム（土砂ダムとよばれることもある）が形成されやすいことも特徴である．

土砂災害は，土中の水分量との関係が大きく，先行降雨の影響が大きいことが大きな特徴である．表層崩壊でも2週間程度前，深層崩壊ではさらに数か月前からの降水が影響するといわれている．また，表層崩壊は，降雨から土中全体に水が浸透するまでの時間が早いことから，大雨が降ってから崩壊が発生するまでの時間が短い．一方，深層崩壊は雨がやんで1日経過して発生することもまれではない．

このことから，土砂災害の直接のきっかけとなる大雨の前に，先行降雨がどの程度多いかを知っておくことが，土砂災害の発生を予測する場合には重要となる．2014年8月の広島の土砂災害においては，直接のきっかけとなる集中豪雨の予測は困難な状況であったが，先行降雨はかなり多く，前日の19日の朝まで土砂災害に関する大雨警報が発表されており，土壌雨量指数も高い数値であった．このようなことを理解しておくことは，土砂災害に関する警報や警戒情報が少しの降雨でも発表されやすい状態であることを理解する上で役に立つ．

2.2.4 洪水・浸水

洪水では，大河川が破堤すると，例えば2015年の鬼怒川の氾濫のように，広範囲にわたり浸水しその水の排水に長期間を要することが多い．実際，鬼怒川の氾濫の浸水面積は40 km^{2}で，浸水が解消するまで10日を要した．このような大河川の氾濫は上流域の広範囲の大雨が要因となる．鬼怒川の氾濫では上流域でほぼ24時間にわたって大雨が降り，総雨量が多くの地点で500 mmに達した．

全国約300の大～中規模の河川に洪水のおそれが高まった場合には，河川の名前を冠した氾濫警戒情報，氾濫危険情報が発表されている．ただ，これらが発表されるのは氾濫のおそれが高い時刻の約3時間前になっている．2015年鬼怒川の氾濫の場合には，氾濫危険水位に達すると予想されることを伝える氾濫警戒情報が発表された1時間30分後には，大雨特別警報が発表され，過去50年に1度以下の発生頻度に相当する大雨が降っていると警戒を呼びかけている．流域面積の大きい河川では，大雨が降ってから河川の水位が上昇するまでに時間がかかる場合が多いことから，河川の水位の上昇を待つまでもなく，大規模洪水のおそれが高いことが想定される．このような大河川の氾濫については，数値予報による広範囲の雨量予想が気象情報で発表される1～2日前，台風接近時にはそれより前から，氾濫の可能性がわかる場合があることに留意が必要である（表2.2参照）．

洪水害といっても，大河川の堤防の決壊や溢水（いっすい）とは異なるものがある．鬼怒川の水位が上昇したとき，その支流の八間堀川（はちけんぼりがわ）では，鬼怒川からの水が逆流して八間堀川の流域に氾濫をもたらす危険性があるため，合流点付近の水門を閉じた．その間，八間堀川流域に降った雨水は排水ポンプで鬼怒川に流すことになる．ただポンプの排水能力を上回る雨が降り，八間堀川の流域ではやはり浸水害が発生している．これは，湛水（たんすい）型の洪水ともよばれており，宮崎市を流れる大淀川の流域でも2005年台風第14号による大雨のため，4000戸以上が浸水した．堤防を作るだけでは防ぎきれない洪水災害である．湛水型の洪水は，流域雨量指数および表面雨量指数の複合基準（5.2参照）により，警報・注意報が発表される．

指定河川以外の洪水警報の基準となる流域雨量指数は全国約2万河川を対象にしており，危険度分布で3時間先までの状況を確認することができる．また，防災情報提供システム（1.5参照）では，指定河川を除く全国約3000の規模の比較的大きい河川について，6時間先まで予想を行っている．

洪水以外の浸水は，ほとんどの場合，大雨の降った付近で発生する．ただ，浸水の要因となる表面流出は，都市化の割合，地質，先行降雨，傾斜が大きく影響する．浸水が発生しやすいのは都市部のいわゆる低平地ということになる．ただ，先行降雨が多い場合には，都市部以外で表面流出が大きくなることにも留意する必要がある．この場合，大河川の洪水と異なり，防災対応までの猶予時間が短い．特に，先行降雨が多い場合には，ただちに行動がとれる対応を考えておく必要がある．

2.3 暴　風

暴風をもたらす現象としては，低気圧，台風，前線，シアーライン，それに，ガストフロント，ダウンバースト，竜巻などの突風がある．この他，特殊な地形において一定の気象状況のもとで発生する「おろし」や「だし」などの局地風でも非常に強い風が吹く．水平スケールの大きな現象ほど時間的スケールも大きい，という原則はここでもあてはまる．平均寿命は台風が5.3日であるのに対し，日本の竜巻は数分から十数分であり，スケールも台風の数百kmに対

表 2.3　暴風をもたらす主な大気現象と災害

	台風	低気圧	竜巻等の突風
空間規模	数百 km	数百〜2000 km	数十〜数 km
代表的風速	最大風速 30〜60 m/s	最大風速 30〜50 m/s	約 5 秒間の風速の最大 33〜92 m/s
特徴	中心付近の数十 km の範囲で風が最も強い.	中心付近に限らず, 数百 km 広範囲で風が強い. 急速な発達により被害増大	寿命は数分から 10 数分程度
災害の種類	倒木, 飛来物, 建物の損壊, 電線障害, 交通障害, 車の転倒, ビニールハウス被害, 船舶被害	倒木, 飛来物, 建物の損壊, 電線障害, 交通障害, 車の転倒, ビニールハウス被害, 船舶被害	建物の倒壊, 倒木, 飛来物, 電線被害, 車の転倒, ビニールハウス被害, 船舶被害
過去の災害	1934 年室戸台風 1991 年台風第 19 号 (りんご台風) 2003 年台風第 14 号 (宮古島) 2004 年台風第 18 号 (北海道) (この他表 1.6 も参照のこと)	1970 年 1 月, 2012 年 4 月に急速に発達した低気圧	2005 年 12 月酒田 2006 年 11 月佐呂間 2012 年 5 月つくば
検討開始時期	3〜4 日前	3〜4 日前	数時間〜1 日前

し数十 m〜数 km 程度と大きく異なる. 予測可能性もスケールに準じており, 台風予報は 5 日先まで予報しているのに対し, 竜巻注意情報は約 1 時間先までである. なお, 米国のトルネード警報の平均的リードタイム (発表から実際に被災するまでの時間) は 15 分程度である. これらについて, 過去の災害事例とともに, 表 2.3 にとりまとめた.

低気圧, 台風, 前線については予測が数日前から実用的な精度で行われている. それらの現象に伴う暴風の可能性に関する検討も, 全球モデル, およびその風ガイダンスが計算されている 3 日程度前には可能と考えられる. 台風については, その前から防災対応が必要かどうかの定性的な検討が可能な場合がある. 一方, 竜巻等の予測では, 1 日程度前から竜巻発生のポテンシャルの予測が行われている. その精度については, 5 章を参照いただきたい.

日本におけるハードウェアとしての暴風対策として, 建築基準法では, 耐風基準が細かく決められている. それによると, 地域ごとに耐風基準が決めており, その基準は全国の気象官署ごとの最大風速の歴代 1 位の記録をもとに作ら

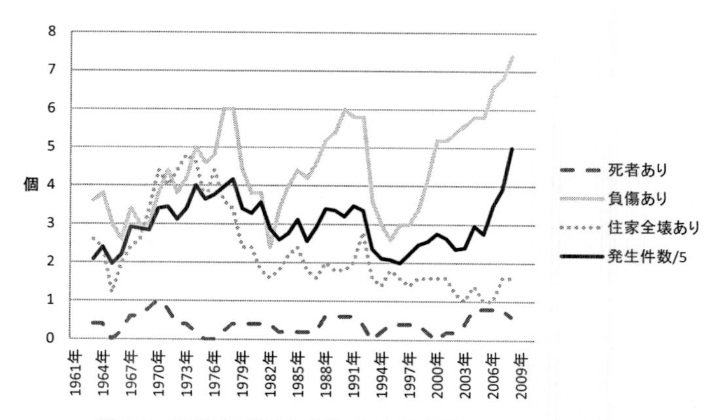

図 2.3 災害別の突風の件数（5 年移動平均，1961〜2009 年）

気象庁で調査した突風報告数のうちから死者，負傷者，全壊住宅の有無と発生件数（図では個数を 1/5 した）を示している．全壊住家が着実に減っていることがわかる．

れている．さらに，地表の粗度により海岸地帯から高層市街地まで分類して基準が設定されている．このような対策の効果により，最近では建築物の暴風による被害は減少していると推察される．例えば図 2.3 は気象庁の統計に基づく，竜巻等による被害の経年変化である．竜巻等の発生数（報告数），負傷者数は年ごとにばらつきがあるものの，住家の全壊報告（図の住家全壊ありの点線）は着実に減少していることがわかる．

近年の暴風災害の報告によると，暴風による死者の主な内訳は，倒木，飛来物，台風接近時の作業中における屋根からの落下などであり，家屋・構造物の倒壊によるものは突風によるものを除いて少ない．一方，経済的な影響という点では，1991 年台風第 19 号（りんご台風）による保険の支払額は約 6000 億円といわれている．ただ，室戸台風，あるいは伊勢湾台風のように，上陸時に 930 hPa 程度以下の大型の台風は，第二室戸台風以来 50 年以上日本に上陸していない．今後室戸台風並の台風の上陸により，それを上まわる大きな暴風被害が生じるおそれは否定できない．

その他の風の被害としては，電柱や送電用の鉄塔が倒れたり飛来物が送電線にぶつかったりすることによる停電，列車等の交通障害，車の転倒，果樹の落下やビニールハウス倒壊等の農作物被害などがあげられる．

風速が同じでも，暖候期と寒候期では，警戒すべき事項が変わってくる．倒木の被害は暖候期によく見られる．寒候期は暴風雪による視程不良や気温との関係で，着氷，着雪などに注意が必要となる．

なお，海上においては，暴風による船舶の転覆，座礁等の被害が多く発生しており，死者も出ている．この暴風については，海上警報により情報を提供している．

2.4 大　　雪

日本における大雪のうち，大規模で長期にわたる降雪による「豪雪」は，北西の季節風，いわゆるモンスーンによるもので，地球全体の大気の流れに大きく影響されることが知られており，例えば，北極振動やラニーニャ現象との高い相関が指摘されている．雪害が発生する地域も広範囲にわたる．

雪による災害は，積雪が多い中で，新たに降雪があったり，高温となり融雪するなどにより発生することが多く，積雪のない状態から数時間で大きな災害となることは，ふぶきによる視程障害・交通障害などを除き，ほとんどない．

比較的短時間のうちに多量の積雪をもたらす現象としては，まず，日本海側に数百 km にわたって形成することのある風の収束帯（日本海寒帯気団収束帯(Japansea Polar air mass Convergence Zone)．以降は JPCZ と省略する）による降雪があげられる．また，寒気に覆われた日本海では，小スケールの低気圧が発生して，積乱雲が発達し，雷を伴って平野部から内陸にまで大雪をもたらすこともある．石狩湾低気圧はその代表例である．このような規模が小さい低気圧に伴う短時間の大雪の予測は，季節風に伴う大雪と比べると予測が難しくなってくる．

この他社会的な混乱を引き起こす雪害として，関東地方の南岸を通過する低気圧に伴う積雪があげられる．この低気圧の予想は精度が比較的高いことから，数日前からの検討が可能である．ただ，地表付近の気温が 1～2℃ 予想と異なるだけでも雨が雪になることもある．予想降水量が多く予想気温が低めのときは，雨の予想の場合でも「念のため」の対応も必要となってこよう．

これらの現象とその特徴，および関連の深い災害の特徴等を，表 2.4 に示し

表 2.4 大雪をもたらす主な大気現象と災害

	北西の季節風	急速に発達する低気圧	関東地方の南岸低気圧	JPCZ	小低気圧
空間規模	1000〜2000 km	1000〜2000 km	数百〜1000 km	数百 km	数 十〜100 km 程度
代表的降水量	日降雪量の合計の最 大 70〜100 cm 程度		日降雪量の最大 5〜30 cm	日降雪量の合計の最大 70〜100 cm 程度	1 時間降雪量 5 〜10 cm が 数時間
特徴	上空の寒気の流入の強さにほぼ対応して，降雪に波	北日本で大雪．春は融雪・なだれ	東日本の太平洋岸で大雪	内陸部にも大雪	内陸部にも大雪
災害	落雪・雪下ろし事故，暴風雪，着雪・着氷，なだれ	暴風雪，着雪・着氷，融雪・なだれ，落雪・雪下ろし事故	転倒，交通障害，交通事故，着雪・着氷	交通障害，落雪・雪下ろし事故	交通障害，落雪・雪下ろし事故
検討開始時期	3〜4 日前	3〜4 日前	2〜3 日前	1〜2 日前	1〜2 日前

表 2.5 大雪による災害の分類

	雪下ろし・落雪	暴風雪	融雪	着雪・着氷	なだれ
特徴	積雪が多い状態でさらに降雪がある場合に発生しやすい	低気圧が急速に発達し，通過する際に，防災対応が後手になり，災害が発生しやすい	積雪が多い状態で低気圧が暖気を運ぶと融雪による洪水，土砂災害，全層なだれが起きやすい	低気圧による強風・降雪と 0℃付近の気温のために着雪し，電線のショート等で停電を引き起こす	積雪が多い状態でいったん晴天となり，その後大雪になると表層なだれが発生しやすい
過去の事例	「平成 18 年豪雪」(2006 年)	2013 年 3 月急速に発達した低気圧（北海道）		2005 年 12 月新潟大停電	1986 年 1 月 柵口（ませぐち）なだれ 「平成 18 年豪雪」
検討開始時期	3〜4 日前	2〜3 日前	2〜3 日前	1〜2 日前	半日〜2 日前

た．また，大雪による災害を 5 つに分類して，表 2.5 に示した．雪下ろしの作業や家屋からの落雪による事故は，土砂災害や浸水災害のように，自然現象が直接被害をもたらすものではない．ただ，これらの事故は，積雪が多い状態で，大雪警報，大雪注意報，あるいは気象情報でよびかけるような多くの降雪がある場合や，そのおそれがある場合に発生することが多い．

表 2.6　わが国における 1945（昭和 20）年以降の主な雪害の状況（防災白書より）

年　月	災　害　名	主な被災地	死者・行方不明者（人）
1963. 1.	昭和 38 年 1 月豪雪	北陸，山陰，山形，滋賀，岐阜	231
1980. 12.～1981. 3.	雪害	東北，北陸	152
1983. 12.～1984. 3.	雪害	東北，北陸（特に新潟，富山）	131
2005. 12.～2006. 3.	平成 18 年豪雪	北陸地方を中心とする日本海側	152
2010. 12.～2011. 3.	雪害	北日本から西日本にかけての日本海側	131
2011. 11.～2012. 3.	平成 23 年 11 月からの大雪等	北日本から西日本にかけての日本海側	133
2012. 12.～2013. 3.	平成 24 年 11 月からの大雪等	北日本から西日本にかけての日本海側	104
2013. 11.～2014. 3.	平成 25 年 11 月からの大雪等	北日本から関東甲信越地方（特に山梨）	95

急速に発達する低気圧では，北日本を中心に大雪となることが多い．移動速度が速く，暴風雪が急に強くなるため，あらかじめ荒天を想定できずに車両が立ち往生して，大きな災害となることがある．2013 年 3 月には，暴風雪で車両が立ち往生した後，雪に埋まり，9 人が亡くなっている．

表 2.6 には，1945 年以降の主な雪害について，期間と主な被災地等を示した．「昭和 38 年 1 月豪雪」（1963 年）を除き災害の期間は 4～5 か月となっていることがわかる．表によると，ほとんどの場合，死者はひと冬で 100 人を超えている．この死者の多くは雪下ろしの作業や家屋からの落雪によるものである．

ここからは，「平成 18 年豪雪」（2006 年）を例に，豪雪時の気象と災害について紹介する．2005 年は 12 月上旬に強い寒気が流れ込み，平年より早い時期から積雪が始まった．冬型の気圧配置はその後 2006 年 1 月上旬まで続き，積雪はさらに増えた．例えば，秋田の 12 月の雪日数は 31 日，1 月も 28 日だった．積雪はこの期間が特に多かったが，その後もなだれ等の災害が続いた．

「平成 18 年豪雪」（2006 年）は，気象庁が命名した豪雪としては「昭和 38 年 1 月豪雪」（1963 年）以来 2 度目であり，1983～1984 年の冬季の大雪以来 20 年ぶりの記録的な雪であった．このように低頻度で発生する現象では，ふだん想定していないような災害が発生することをあらかじめ認識して，事前に対策をすることが重要である．そこで，この豪雪以前にはしばらくなかったような顕著な被害について，時間を追っていくと，まず，2005年12月22日には，新潟県で30 m/sを超える暴風と0℃前後のみぞれまじりの雪のため，送電線に着雪が発生し，ギャロッピング現象（着氷・着雪した送電線が上下に激しく振動する現象）のためショートして30市町村の65万戸に停電が発生した．復旧まで1日以上かかる大規模な停電であった．東北電力によると，電線事故の多い気象条件として，気温0～2℃で，降水があり，風速が5 m/s以上であること，があげられている（東北電力, 2006）．このときに観測された気温0～2℃の条件下での3時間の平均風速（14 m/s），降水量（7 mm）は新潟の過去30年の統計で最大であったという．この資料からは，風速，気温，降水量それぞれは，現象として極端に低頻度とまではいえないが，着雪・着氷の発生する気象条件の中では，異常な状況だったことを認識することが重要である．

12月25日には，低気圧と寒冷前線の通過により平均10 m/s前後の南西からの強風が吹く中，小規模な積乱雲から発生した突風により，羽越本線の最上川鉄橋付近でJRの特急列車が転覆し，死者5人，負傷者33人となる事故が発生した．

3回目の寒波の襲来となった2006年1月4～5日には，それまで積もった雪の上に短時間に大雪が降り，東北地方日本海側の広い地域で交通機関がマヒした．また，各地でなだれが発生し，秋田新幹線はこのなだれにより立ち往生し運休となった．この積雪のため，新潟県では一時孤立した山間部があった．

2月10日には秋田県仙北市の温泉の露天風呂でなだれが発生し，1人が死亡した．

なだれ注意報は，一般には頻繁に長期間発表され，空振りが多いが，この豪雪時のように積雪が多い中での新たな積雪がある場合は，なだれの規模が大きく，被害の範囲も平地にまでおよぶことに留意する必要がある．実際，なだれが1 kmを超える距離を移動することもあり，村落でもなだれ災害が発生する．1986年1月の大雪では，山頂付近で発生した大規模ななだれが集落まで到達し，死者13人，全壊家屋16棟となる災害も発生している（新潟県柵口(ませぐち)のなだれ）．

2.5 高　　潮

高潮は，一度の現象による犠牲者が最も多い気象災害である．伊勢湾台風による死者・行方不明者 5098 人の多くは高潮によるものといわれている．高潮が高くなる地域は遠浅の海岸である．日本では，台風はほとんどの場合南西～南東方向から上陸すること，南寄りの風の強い範囲は台風中心付近の東側数十 km の範囲であることなどから，記録的な高潮が発生する広さと地域は，南に開けたせいぜい数十 km 四方の遠浅の海岸ということができよう．

大規模に発達した低気圧によっても高潮が発生することがある．冬季には，発達した低気圧のために北海道や東北地方で高潮被害が報告されている．

一方，竜巻は風が非常に強く，中心付近では気圧が低いが，高潮はある程度長い時間強風が海岸に向かって吹くことで発生するため，風向の変化が大きい竜巻では，気圧の低下により海面が高くなることはあっても大規模な高潮被害は考えにくい．

高潮のスケールは，日本では，ほとんどの場合，暴風の吹く範囲よりも遠浅の海岸のスケールに限定される．人口が密集している東京湾，伊勢湾，大阪湾における標高 0 m 以下の面積はそれぞれ 116，336，124 km^2 であり，伊勢湾で 18 km 四方程度の広がりである．伊勢湾台風時の高潮は約 4 m なので，伊

表 2.7　高潮をもたらす主な大気現象と災害

	台風	低気圧
空間規模	数百 km	数百～2000 km
代表的風速	最大風速 30～60 m/s	最大風速 30～50 m/s
特徴	中心付近の数十 km の範囲で風が最も強い	中心付近に限らず，数百 km 広範囲で風が強い
高潮の特徴	気圧の低下で～1 m．遠浅の海岸で，海岸に向かって猛烈な風が吹くと，吹き寄せ効果により風速の 2 乗で潮位が高くなる．3～5 m 潮位が上昇する	
過去の災害	1959 年伊勢湾台風（伊勢湾） 1999 年台風第 18 号（熊本県） 2004 年台風第 16 号（瀬戸内海）	2014 年 12 月 17 日（根室）
検討開始時期	3～4 日前	3～4 日前

勢湾台風クラスの台風が上陸すると，その地帯では建物の2階にまで高潮が入ることになる．高潮は，広範囲にすきまなく水が浸入するため，0 m 地帯からの避難は，非常に多くの住民が対象となり，複数都道府県にわたる大規模な避難計画が必要となる．集中豪雨では，適切な方角に数 km 移動するだけでも避難できる場合が多いことと対照的である．高潮をもたらす台風，低気圧はともに数値予報でよく予想することができるため，全球モデルや台風モデルの予想を利用することで，3〜4日前から検討することができる．ただ，台風による高潮の場合は，その進路のわずかな違い，台風中心の最大風速の違いで予想値が大きく変わることから，最新のメソモデルに基づく高潮予測の結果を参考にすることが望ましい．その場合は現象発生の9〜12時間程度前の対応となる．

文　献

[1] 加藤輝之，2018：集中豪雨の発生メカニズム解明に向けて．http://www.mri-jma.go.jp/Topics/H26/Happyoukai2014/04.pdf

[2] 国土交通省，2018：深層崩壊推定頻度マップ．http://www.mlit.go.jp/common/000121614.pdf

[3] 小倉義光，1999：一般気象学，東京大学出版会，308 pp.

[4] 東北電力，2006：新潟県内の停電の原因と再発防止対策について．http://www.tohoku-epco.co.jp/whats/news/2006/01/13.html

[5] 吉崎正憲，加藤輝之，2007：豪雨・豪雪の気象学，応用気象学シリーズ4，朝倉書店，187 pp.

CHAPTER 3

災害をもたらす現象の観測

気象観測は，天気図，数値予報等の資料の基礎となるばかりでなく，リモートセンシング等による観測結果の平面・立体図の時系列は，災害をもたらす現象の監視に欠かせない．特に，台風，集中豪雨に関しては，気象衛星，気象レーダーの画像は必要不可欠である．ここでは，観測機器のシステムとしての記述は最小限にとどめ，観測機器がとらえた災害をもたらす現象について，主な観測機器ごとに解説する．

3.1 気象衛星による台風・集中豪雨・大雪の観測

気象衛星からは，赤外放射温度，水蒸気，大気上・下層の風，海上の波および風速等の情報が得られ，数値予報の初期値として使用されている．数値予報では，高度が低い軌道衛星から放射温度等の情報を得ることが多いが，観測時刻に制約があるため，人間による連続的な監視の点からは，ほとんどの場合静止気象衛星の画像を利用する．ここでは，静止気象衛星画像から把握できる顕著現象をいくつか紹介する．数値予報では必ずしも十分に予測ができない現象を，気象衛星画像で比較的容易に検出できる場合もあるため，顕著現象の監視への利用価値は大きい．

現在運用されている静止気象衛星ひまわり8，9号は，可視から赤外領域にかけ16のセンサーを搭載し，可視画像は約0.5 km，赤外・水蒸気画像は約2 kmの空間分解能をもち，10分間隔で観測を行っている．可視画像はカラーで見ることができ，黄砂や火山の噴煙等を雲と異なる色として認識することができる．

台風の観測には静止気象衛星の画像が欠かせない．中心付近の最大風速および中心気圧は，ドボラック（Dvorak）法を用い，過去に観測された中心付近のさまざまなパターンを当てはめてCI数を決めることにより推定できる．実際，気象庁が海上における台風の中心気圧と最大風速を決定するときは，付近に島等がなく飛行機観測がない限り，このCI数が第1推定値として使われている．ドボラック法の詳細は例えば気象衛星センター（2004）を参照してほしい．なお，中心付近の風の分布や最大風速が観測される中心からの距離は，眼がはっきりしない場合には判別が難しい．特に日本に接近する際には，熱帯低気圧の構造が変化し，中心気圧の推定が困難なこともある．このような場合には，気象レーダーによる監視が有効である．

集中豪雨をもたらす，バックビルディング型形成により発生した降雨域は，気象衛星で観測すると，しばしば人参状雲としてとらえることができる．図3.1はその一例である．強雨域のバックビルディング型形成では，「人参」の先に積乱雲が次々に発生し，すでに発生した積乱雲は大気中の風に流されながら，範囲を広げていく．この現象の発生にはしばしば大気の中層の乾燥した空気の存在が影響するといわれている．図3.1の水蒸気画像では，人参状雲の周囲が比較的暗く，中・上層が乾燥していることを示している．強雨域のバックビル

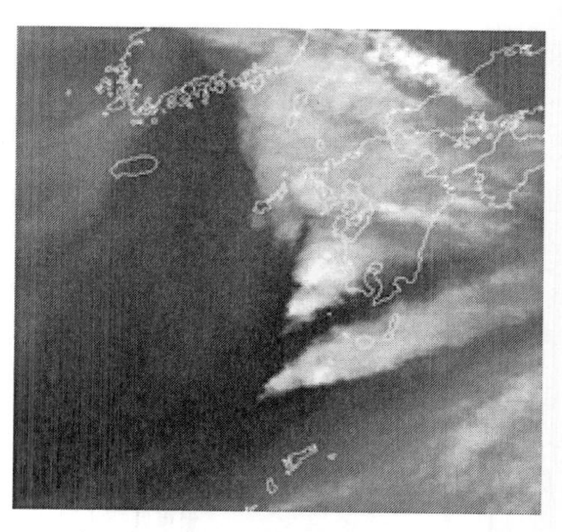

図3.1 2015年4月30日3時の気象衛星水蒸気画像
九州の西の海域で人参状雲がみられる．その直下に位置する鹿児島県十島村の平島では3時30分までの1時間に76 mmの雨となった．

ディング型形成は必ずしも水蒸気画像の暗域で発生するわけではないが，下層（950〜850 hPa）の相当温位が 350 K 程度あるような非常に不安定な条件の中で暗域が検出された場合には，人参状雲がしばしば発生するため，注意深い監視が必要となる．

この大雨をもたらす降水帯の「人参」状の形態は，気象レーダーでも観測することができる．気象衛星は，気象レーダーよりも広範囲を観測することができるが，「人参」が上層の巻雲にかくれてしまう場合があり，そのようなときには気象レーダーによる観測が有利となる．図 3.2 は，2014 年 8 月 20 日の未明に広島で土砂災害が多数発生した際の衛星画像である．気象レーダーでは 2 章の図 2.1 にあるように，「人参」状だが，衛星ではほぼ円形にみえる．一方，華南から中国地方まで東シナ海を南西から北東方向に列状に発達した積乱雲がみられる．この領域は 950 hPa の相当温位で 345〜348 K の高相当温位の範囲に対応しており，この帯状の領域では大雨になるおそれがあることがわかる．このような雲の列と数値予報天気図による下層の高相当温位の移動は，梅雨期の監視には重要となってくる．

冬の季節風に伴う大雪の観測にも，気象衛星を欠かすことができない．日本

図 3.2　2014 年 8 月 20 日 3 時の気象衛星水蒸気画像
甚大な土砂災害の発生した広島市の上空には団塊状の雲がみられる．気象レーダーでは人参状雲となっている．

海に広がる筋状の雲，収束帯，小低気等から，寒気の流入の程度，雪の強まる範囲の推定が可能となるからである．寒気の流入については，数値予報でも精度良く予想されており，全球モデルの72時間予想で3日先の状況を想定することができる．

JPCZが明確になると，JPCZの付近およびJPCZが脊梁（せきりょう）山脈とぶつかる日

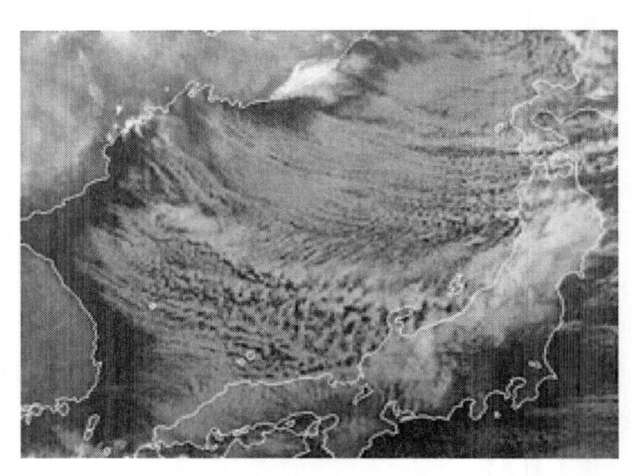

図3.3 2017年12月12日11時の気象衛星赤外画像

強い北西の季節風により，日本海では筋状の雲がみられ，日本海中部から新潟県にかけて，JPCZがみられる．

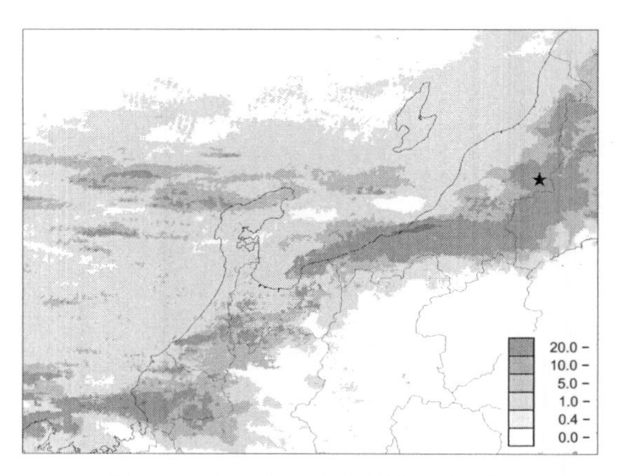

図3.4 2017年12月12日11時の解析雨量

JPCZに沿ってやや強い降水域が帯状に形成されている．★印の津川では1時間に6 cmの降雪となった．

本海側の地域で雪が強まることが多い．図3.3は2017年12月12日11時の赤外画像で，JPCZが東西にのびていることがわかる．発達した積乱雲の帯は，JPCZに沿っていくつかみられ，その1つが能登半島の北から佐渡の南を通って新潟県中部の山岳地帯にのびている．その付近に位置する新潟県阿賀町津川では，11時までの1時間に6 cmの降雪があり，1日で45 cmの積雪となった．その様子は，気象レーダーでより詳しく見ることができる．図3.4は同じ時刻の解析雨量である．解析雨量によると，津川付近の他，新潟県の南部にやや強い帯状の降水域が見られる．

JPCZは数値予報でも比較的よく表現されていることから，それに伴う降雪については，空間分解能の細かなメソモデルが利用可能な2日前程度から検討することができる．

3.2 気象レーダーによる台風・突風の観測

気象レーダーは，アンテナから波長3〜10 cm程度の電磁波を発射し，雨や雪から反射して返ってくる電磁波を分析することで，その位置と強度，風速などを観測している．気象庁は一般気象用の現業レーダーを20基運用しており，降水を伴う中小規模の擾乱（じょうらん）の観測，短時間の予想あるいは突風の探知に活用している．また，国土交通省は降水量の観測を目的としたレーダー雨量計を26基運用している他，降水の粒径を直接に推定することで降水強度の精度を向上させたマルチパラメーターレーダー（ただし観測範囲が気象庁レーダーの1/4程度となる）を約40基展開している．気象庁では国土交通省のこれらのレーダーを利用しており，解析雨量，高解像度降水ナウキャスト等に取り込んでいる．

気象レーダーによる強雨域のバックビルディング型形成，集中豪雨の観測については2章で解説しているので，ここではその他の現象の観測について解説する．

気象レーダーは，気象衛星観測が始まるまでは，台風の位置を知るために極めて重要な機器であった．実際，気象庁における初期の気象レーダーの設置目的は，海上の台風をとらえることであった．現在でも，台風が日本に接近した

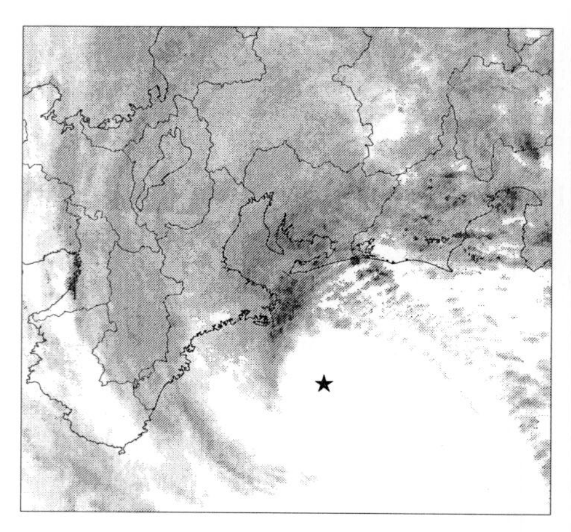

図 3.5　2015 年 9 月 9 日 6 時のレーダーエコー合成図
台風の中心は中心に向かうスパイラルと，5 分ごとの動画により推定することができる．★印は台風中心をあらわす．

図 3.6　2015 年 9 月 9 日 6 時の気象衛星赤外画像
★印は台風中心をあらわす．台風の鉛直構造が崩れ，下層雲が上層雲に隠れているため，中心の位置がよくわからない．

ときには，温帯低気圧の性質をもち始め，雲画像で中心を判断することが困難な場合もあり，気象レーダーが活躍することも少なくない．図 3.5，図 3.6 は，2015 年 9 月に鬼怒川が氾濫した際に中部地方に上陸した台風第 18 号の気象レーダーと気象衛星の画像である．気象衛星赤外画像では，中心付近の様子がよくわからないが，レーダーエコー合成図では，中心付近の半円形の雲域，スパイラル状に中心に向かうやや強い降水帯（スパイラルバンド）が明確である．5分ごとの動画により，循環の中心がさらに明確になる．

台風中心の経路の左側と右側とでは風向きが逆になる．高潮は，海岸に向かって吹く強い風による「吹き寄せ」により高くなるため，この観測・解析は台風接近時には重要となる．

気象庁の現業レーダーには風の動径方向の成分，いわゆるドップラー速度を測定する機能がある．ドップラー速度分布は，そのまま数値予報の初期値解析（四次元変分法）に利用されている．また，局所的なウィンドシアや発散のパターンを自動的に認識することにより，竜巻を伴うことの多いメソサイクロン，ダウンバーストの検出を行っている．図3.7，図3.8は，2012年につくばで発生した竜巻に伴う，レーダーエコー強度とドップラー速度の図である．これらは東京レーダーで観測したものであり，レーダーから25 km程度の近い距離から観測されている．エコー強度の図の円内には，メソサイクロンにみられるフッ

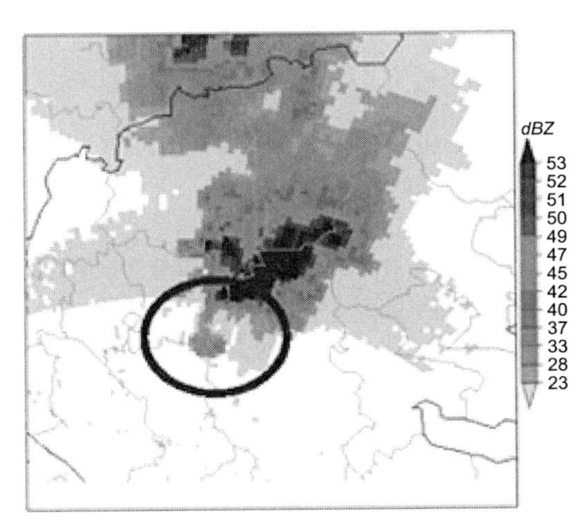

図3.7 2012年5月6日12時50分の気象レーダーエコー強度分布

円で示された中心付近にフックエコーがみられ，メソサイクロンが存在する可能性が高いことがわかる．

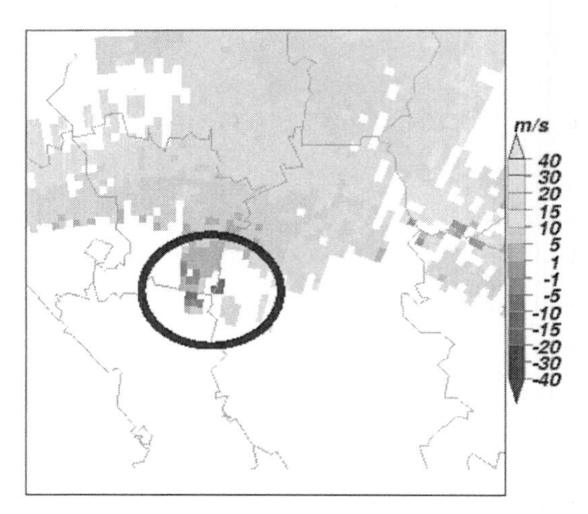

図 3.8 2012年5月6日12時50分の気象レーダードップラー速度分布

円で示された範囲の左側はマイナス，右側はプラスのドップラー速度になっており，そこに渦があることがわかる.

クエコーが明確である．ドップラー速度の図では，フックエコーに対応する部分が北風（－10～－30 m/s）の成分であることがわかる．なお，渦の東側にわずかに南風の成分がみられ，このエコーの部分に反時計回りの循環があることがわかる.

フックエコーはメソサイクロンとともに必ず発生するわけではなく，スケールが小さいため，現業レーダーで観測できる機会は非常に少ない．また，突風やメソサイクロンに伴う渦状のパターンも，持続時間が少なく，人間が判断するのは容易でないことから，突風の監視では，メソサイクロンの自動検出結果を入手しながら，積乱雲の発達や移動を把握することが重要である.

3.3 アメダスによる台風・大雨の観測

予報の現場の解析において，アメダスによる台風中心の追跡は重要な作業の1つである．特に，複雑な地形と台風の衰弱のために，気圧の中心が1つでない場合には，風分布と，風向の変化の分析が台風中心の追跡に欠かせない．ア

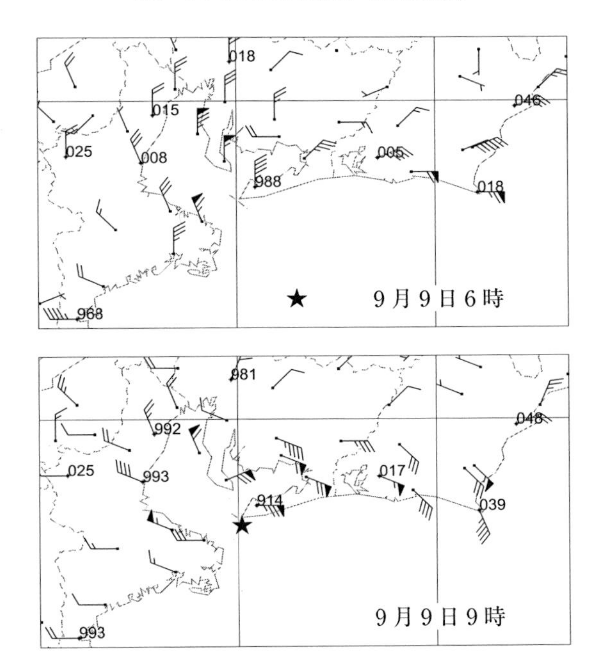

図 3.9　2015 年 9 月 9 日 6 時と 9 時の風と気圧の分布（アメダス）
台風第 17 号の中心位置を★で示す.

メダスの風向は，等圧線に対して教科書にあるような方向を示さないことがあるが，台風中心が左側を通ると風向が時計回りに変化し，右側を通ると反時計回りに変化するため，この性質を利用して台風経路を推定することができる.

図 3.9 上は，図 3.5 と同じ時刻のアメダスの風分布，下はその 3 時間後の風分布である．9 時には中心が渥美半島の西を北西進していることが明らかである．中心付近の等圧線の形がくずれた場合，地形の影響等で，複数の循環が表れることもあるが，ほとんどの場合循環を追跡することができ，これが，気圧観測値とともに台風の中心位置の推定に最も重要となる.

前線に伴う大雨に際しては，地上の前線をアメダスの気温や風分布から解析して，その移動を推定することが可能である．一方，大気が不安定な状況での大雨，梅雨期の集中豪雨については，アメダスで得られる情報は多くない．気温や風の持続的な変化が明確でないことが多く，大雨との関連も強くないからである.

ただ，関東地方のように，シアラインを大雨の監視に利用することもある．関東平野では，夏季に大気が不安定なとき，東西方向に形成される収束線が夕方にかけ南下するのに伴い大雨をもたらすことがある．この時期予報担当者は，この収束線の形成を注意深く監視している．ただ，これで必ず大雨になるというものではなく，この領域では大雨のポテンシャルが高いものとして監視を続ける．このようなときにレーダーエコーが発生し，短時間に発達する場合には，ただちに大雨注意報や警報の発表作業に入ることになる．

なお，数値予報においては，アメダスの観測値（気温，風）が，局地モデルの初期値解析に利用されている．地形の分解能の向上ともあいまって，気温，風のきめ細かな分布の予測，局地的な降水の予測の精度向上に貢献している．

3.4 ウィンドプロファイラによる前線の観測

ウィンドプロファイラは，高層の風を常時観測する機器である．風の測定は設置された機器の上空に限定されるものの，気象ドップラーレーダーと異なり天気に左右されずに風を観測でき，ゾンデ観測と比較すると連続的に観測できる点が特徴である．この観測成果は，数値予報の精度改善に大きく貢献している．気象庁は，2018 年 4 月現在，33 基のウィンドプロファイラを運用しており，高度約 300 m ごとの風のデータを，10 分ごとに最大で高度約 12 km まで取得することができる．プロファイラは原理的には，波長約 20 cm のドップラーレーダーであり，空気中の湿度が高いほうが受信する電波の強度が大きい．したがって，最大観測高度は観測するごとに一定ではなく，冬季の乾燥した大気中では，最大観測高度が低下する．

実況監視の観点では，水平方向の広範囲の風速分布は観測できないが，大気現象の性質やその移動方向を仮定することで，時系列図をもとに，移動方向に沿った鉛直断面構造等を推定することが可能である．図 3.10 は，突風により山形県酒田市で JR の特急列車が転覆した 2005 年 12 月 25 日の，夕方から夜にかけての酒田のウィンドプロファイラの時系列図である．背景の濃淡は水平風の鉛直シアの強さを表している．19 時頃まで地上付近は南西の風だったが，20 時以降は北西の風に変わったことが明確である．また，明るい色の風の鉛

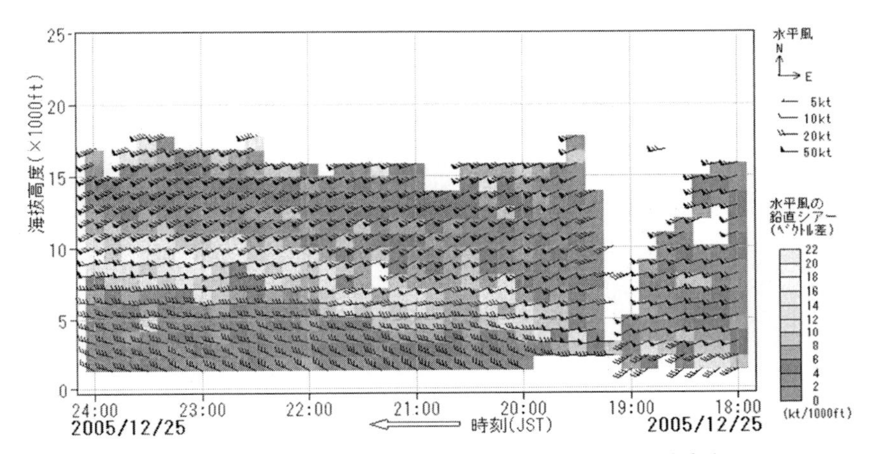

図 3.10　羽越本線で列車が転覆したときの酒田の高層風の時系列

2005 年 12 月 25 日．前線面に対応した風の鉛直シアの強いところが明確に表れている．低気圧，寒冷前線が東進していることから，近似的に東西の鉛直断面図とみなすことができる．事故は 19 時 14 分頃に発生した．

直シアが大きいところは，19 時には地上付近にあり，それが図の左上にのびている．擾乱は速い速度で東進しており，この鉛直シアが寒冷前線面に対応していることが明確である．列車が転覆したのは 19 時 14 分頃であり，前線の通過した前後に突風が発生したことになる．

この図のように，上空の風は，施設付近の環境の影響を受けにくいことから，地上の資料だけでは解析が十分でない場合には貴重な資料になる．この他，数値予報の風の予想値とプロファイラの観測値とを比較することで，大雨等の際の暖気の流入の予想の修正等にも利用することができる．

風の観測値以外にも，ウィンドプロファイラの鉛直方向の信号の強さの違いから，関東地方の低気圧・前線に伴う降雪監視において，どのくらいの高度で雪が溶けているかの判断にも使われている．

文　献

[1] 気象衛星センター，2004：気象衛星画像の解析と利用－熱帯低気圧編－．http://www.data.jma.go.jp/mscweb/ja/prod/library_book.html.

[2] 気象庁，2012：平成 24 年 5 月 6 日に発生した竜巻について．http://www.jma.go.jp/jma/menu/tatsumaki-portal/tyousa-houkoku.pdf.

CHAPTER 4

予報技術の最前線

4.1 はじめに

現在の気象防災情報を支えている予測技術は大きく4つに分けられる．①数値予報，②数値予報の予想値に統計処理を行って算出するガイダンスおよび確率予報，③レーダー等の詳細観測データに基づく気象要素の解析と予報，④気象要素から算出される指数，である．

ここでは，防災上重要な予報技術を主な利用目的ごとにとりまとめ，それぞれの技術の概要と利用上の留意点や精度について解説する．このうち，気象庁の現業数値予報は②，③のいずれの技術においても重要な役割をはたすとともに，目的に応じて数多くのモデルが運用されているが，ここでは，表4.1に示すのみにとどめ，技術の詳細は別の専門書（例えば，気象庁予報部（2012））に譲ることとしたい．

4.2 台風予報

4.2.1 台風の概要と防災上の特徴

台風は集中豪雨とならび気象災害の中でも大きな被害をもたらす．特に，明治以降に日本に上陸した伊勢湾台風，室戸台風，枕崎台風では，暴風，大雨，高潮，高波などにより，いずれも死者・行方不明者3000人以上の大きな被害が出ており，最近でも2004年，2011年には，台風により100人程度の犠牲者が出ている．台風予報は防災上極めて重要である．

「熱帯低気圧」のうち赤道以北，東経180度以西の北西太平洋または南シナ海に存在し，最大風速が34ノット以上のものを台風とよんでいる．34ノット

表 4.1 気象庁の現業数値予報モデル一覧（2018 年 1 月 1 日現在）

モデル名	水平分解能	鉛直層数	予報期間	データ同化	主な利用目的
局地モデル（LFM）	2 km	58 層	9 時間（毎時）	三次元変分法	航空気象情報，防災気象情報，降水短時間予報
メソモデル（MSM）	5 km	76 層	39 時間（毎日 3 時間ごと）	四次元変分法	防災気象情報，降水短時間予報，航空気象情報，LFM の境界条件
全球モデル（GSM）	約 20 km	100 層	264 時間（毎日 12 UTC），84 時間（毎日 12 UTC を除く 6 時間ごと）	四次元変分法	台風の進路・強度予報，天気予報，週間天気予報，MSM の境界条件
全球アンサンブル予報システム	約 40 km	100 層	5.5 日，27 メンバー（台風情報が発表される時 06，18 UTC）	四次元変分法	台風の進路予報
			11 日，27 メンバー（毎日 00, 12 UTC）		週間天気予報
			18 日，13 メンバー（土・日 00, 12 UTC）		異常天候早期警戒情報
	約 55 km		34 日，13 メンバー（火・水 00, 12 UTC）		1 か月予報
季節予報アンサンブル予報システム	大気約 110 km 海洋約 50～100 km	大気 60 層 海洋 52 層	7 か月間，51 メンバー（毎月 00 UTC）	四次元変分法	3 か月予報 暖候期予報 寒候期予報 エルニーニョ現象の予測

（約 17 m/s）の風は陸上における暴風警報の基準（おおむね平均風速 20 m/s）より低いが，最大風速がこれよりも小さい熱帯低気圧でも広範囲に大雨を降らせて災害をもたらすことがあり，台風が多くの場合重大な災害をもたらすことに変わりはない．例えば 1999 年に関東地方に上陸した熱帯低気圧は，台風よりも風が弱く付近に前線もなかったが，関東地方に大雨を降らせ，荒川の下流の岩淵水門では水位がカスリーン台風，狩野川（かのがわ）台風に次いで戦後 3 番目に高い記録的な数値となった．

台風の勢力については，日本では最大の平均風速をもとに「大きさ」と「強さ」を設定している．「強さ」は海上警報の分類を含めると，次の5段階に分けられる．海上警報において34ノット以上48ノット未満（以下上限を略す）をTropical Storm（海上強風警報が対応），48ノット以上をSevere Tropical Storm（海上暴風警報が対応），64ノット以上をTyphoon（海上台風警報が対応）とよぶ．また台風情報において，64ノット以上を「強い台風」，85ノット以上を「非常に強い台風」，105ノット以上を「猛烈な台風」とよんでいる．「大きさ」については，風速15 m/s以上の半径が500 km以上を大型，800 km以上を超大型とよんでいる．例えば，伊勢湾台風は半径300 km以上の暴風域を持ち，上陸時の中心気圧は930 hPaだったこと，および当時の天気図をもとにした，気象庁で行っている標準的な解析から，上陸時点での伊勢湾台風は，現在のよび方では，大型または超大型の非常に強い台風第15号（英語名Vera），ということになろう．

過去に甚大な被害をもたらした高潮は，いずれも最大風速が強く，台風中心気圧が低い場合に発生している．中心付近の風は台風の進行方向の右側で最も強くなることから，台風の中心付近で進行方法の右側にあたる地域が高潮に最も警戒を要する．このことは，台風の中心の進路予想が，高潮予想にとって重要であることを意味する．一方，台風が衰弱期にあたる場合や温帯低気圧に変わりつつある場合には，最大風速は中心付近から離れて吹くことが多く，分布も一様ではない．大雨の分布も同様に中心付近以外に強いところがあることが多いので，数値予報やガイダンスによる風や雨の予想に一層の注意を払いたい．

4.2.2 台風情報の種類

気象庁が発表している台風情報は，①台風の実況，暴風・大雨・高潮等に関する実況と予報を伝える全般台風情報，②発達する熱帯低気圧に関する情報，③台風進路予報（図情報．24時間後に台風に発達すると予想される熱帯低気圧を含む），および④暴風域に入る確率，である．

「台風の実況」の内容は，台風の中心位置，進行方向と速度，最大風速，最大瞬間風速，25 m/s以上の暴風域，15 m/s以上の強風域の，いずれも風に関する情報である．台風の中心位置の解析誤差は，台風の眼が気象衛星の赤外画像で確認される場合を除けばそれほど小さくない．中心位置の確度は3段階あり，最も精度よく解析された場合には good とされるが，その場合でも誤差は最大 60 km に達することがある．日本付近の亜熱帯域から温帯域にかけて，特に気象衛星の可視画像が利用できない夜間はそれよりも精度が低下することもあり，台風予報の精度にも影響している．

4.2.3 台風進路予報の精度

現在，台風の進路予報は基本的に数値予報に基づいて作成され，5 日先までの予報が提供されている．台風の予想位置は GSM および台風アンサンブル予報に基づいて決定される．また強度および暴風域の広さは，数値予報の結果をもとに，直近の実況との誤差とモデルの特性を考慮して，一部を修正して決定されている．なお，この強度，暴風域の予想は，従来 3 日先までであったが，2019 年から 5 日先までの予報に適用さている．

台風の寿命は 30 年間（1981～2010 年）の平均で 5.3 日であることから，5 日先までの予報は，台風のほぼ一生にあたる期間を予報していることになる．数値予報では，初期時刻以降に台風の発生を予想することも多いが，24 時間先に台風になることが予想されている熱帯低気圧を除き，進路予報の対象にはならない．

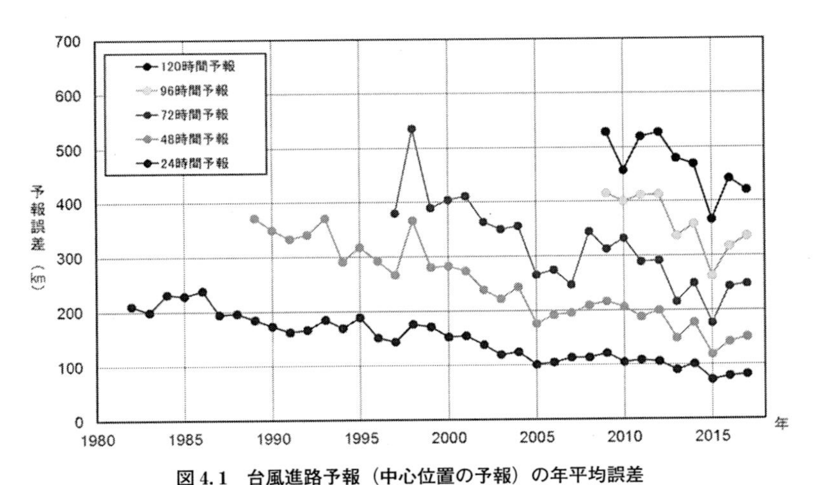

図 4.1 台風進路予報（中心位置の予報）の年平均誤差

1982～2017 年までの精度を示す．48, 72, 96, 120 時間予報はそれぞれ運用開始以降の精度を示している．

図 4.1 に台風の進路予報（中心位置の予報）の年平均の誤差を示す．平均的には精度が年ごとに上がっていることが明確である．ただ，24 時間先の予報でも平均で 80 km 程度誤差がある．「24 時間先でも 80 km 程度ははずれるものだ」と認識し，予報の中心位置のみにとらわれない対応が重要である．

なお，台風中心の進路予報は，日本だけでなく各国で実施されており，その情報も適宜入手することができる．日本における精度は，比較する方法や比較する年度によっては諸外国の精度とやや劣るとの報告もあるが，平均的には諸外国の精度との明確な差は見られない．台風の中心のみならず，風や雨の分布を含む一連の台風情報を提供し，内容としても情報の時間経過についても一貫性のある気象庁の情報を基本に防災対策を行うことがまずは重要と思われる．

4.2.4 予報円

予報円は，台風の中心が 70% の確率で到達すると予想される範囲を示している．その大きさの設定には，初期値にあらかじめ誤差を与えて 1 つの時刻に

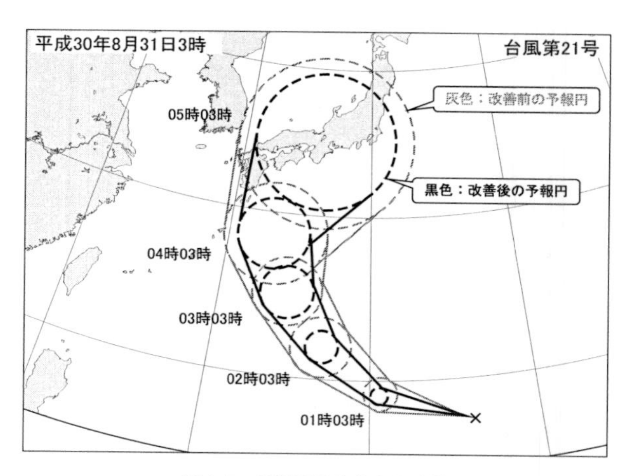

図 4.2 予報円の大きさの改善

2019 年 6 月に台風の予報円の半径の設定方法が改善された．図は 2018 年 8 月 31 日 3 時の台風第 21 号に対する改善前（灰色）と改善後（黒）の予報円である．平均的には，従来の予報円に比べ半径が約 20% 小さくなっている．予報円は，それぞれの時刻における数値予報モデルのアンサンブル予報の複数の予想値および外国機関のモデルの予想値のばらつきに基づいて作成される．

対して複数の予報を行う，台風アンサンブル予報を利用する．具体的には，複数の予報による台風中心の予想位置の広がりから，アンサンブル予報の過去の実績を参考にして，予報円の大きさを設定している．なお，「複数の予報」として，外国機関のモデルの予報も考慮されている．これまでは，台風の存在する緯度や移動速度等を層別化して，統計的に設定していたが，数値予報の精度が向上したことから，2019 年 6 月からは，台風予報の直前に予想された数値予報に基づいて予報円を設定している．予報円の半径は，2016 年 6 月から運用していた予報円より，平均して 20% 程度小さくなっている（図 4.2）．予報円の縮小とともに暴風警戒域も縮小されることになる．

これまで，予報円は過去の統計的な確率に基づいて設定していたため，個々の台風の性質を必ずしも反映したものではなかったが，これからは，台風を移動させる駆動力となる大気中層の指向流が弱い場合や，転向点付近の予想においても，そのときの予報の精度を反映した予報円の大きさとなることが期待される．

4.2.5 暴風域に入る確率

台風予報では，台風中心に目が行きがちだが，暴風や大雨に警戒する際には暴風域にも注目すべきである．暴風域に入るかどうかを判断する際には，台風中心の予報にどの程度誤差があるかを考慮する必要がある．暴風域に入る確率は，このような趣旨で設定されている．

なお，名称は「暴風域に入る確率」だが内容としては「暴風域内に入っている確率」のほうが適切である．この確率の算出は，台風の予報円の代わりに，予報円の内側を占める存在確率が 70% で，台風中心で最も確率の高い，等方な二次元正規誤差分布を仮定して，対象となる地点あるいは地域から暴風半径に相当する領域の存在確率を積分する．

暴風域に入る確率には，市町村等をまとめた地域を対象にして，3 時間ごとの変化を 72 時間先まで表形式で示すものと，72 時間先までの確率を地図に表示するものがある．表形式の確率では，値の増加が最も大きな時間帯（図 4.3 では 23 日午前中）に暴風域に入る可能性が高く，値の減少が最も大きな時間帯（図 4.3 では 24 日午後）に暴風域から抜ける可能性が高くなることから，

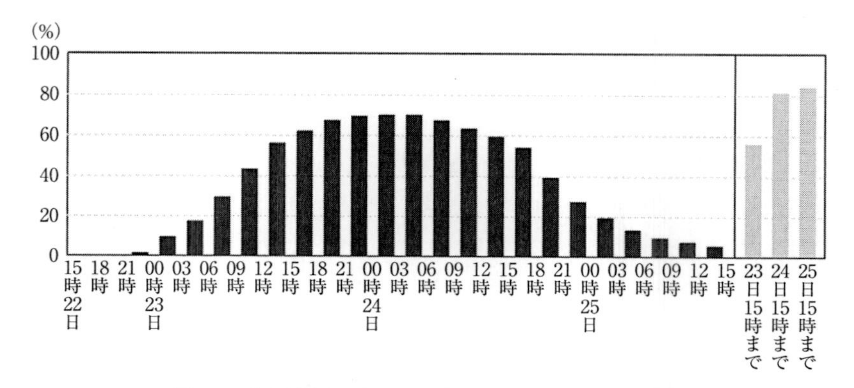

図 4.3 市町村等をまとめた地域に対する暴風域に入る確率

22 日 15 時から 3 日先までの暴風域に入る確率の例を示す．左は 3 時間ごと，右は 24 時間ごとの確率．

確率の数値の大小だけにこだわらない使い方も有効である．

4.3 ガイダンスと大雨・暴風予報

4.3.1 ガイダンスの概要

気象庁では，数値予報モデル（GSM, MSM）に基づき，さまざまな気象情報の基礎資料としてガイダンスを作成している．天気予報，警報・注意報では，ガイダンス値あるいは土壌雨量指数等の指数値が発表の際の予報値の第 1 推定値として使われており．予報担当者が修正を加えない場合には，それらの値が予報値として発表される．日々の最高，最低気温では，予報担当者がガイダンスを修正する量はわずかである．風の予測値についても精度は高い．大雨の予測値については，予報担当者がバイアスの修正を加えることも多いが，地形等の影響を受けた降水の分布はそのまま利用されることが多い．また，台風情報をはじめとした気象情報についても，ガイダンスの結果を要約の上，実況あるいは数値予報の誤差特性等を考慮して適宜修正を加えて発表している．

気象庁で作成しているガイダンスの一部，例えばアメダス地点ごとの気温・風・最小湿度，格子点ごとの天気・降水量・降水確率・発雷確率は，オンラインで一般に配信されており，民間気象会社等を通じて入手することができる．

詳細な地域ごとの防災対応のためには，きめ細かな予測情報は必須である．例えば，台風接近時の風の詳細な分布は台風ごとにさまざまであり，台風中心から同心円状に分布していない場合も多い．このような詳細情報は台風情報だけではわからないので，ガイダンスを利用することが望ましい．

ガイダンスとは，数値予報モデルの出力に統計手法を適用することで，予報精度を改善したり，利用者が利用しやすい形式に加工したりするものである（利用者が利用しやすい形式に加工したものとしては，例えば天気分布がある）．

予報精度の改善については，数値予報モデルに系統的誤差がある場合にその差の特性に応じて修正することがガイダンスの役割である．例えば，数値予報モデルに使用されている地形は実際よりなだらかなことが多く，その影響で平均的には地形性の降水量が少ない．また，モデル地形と実際の地形の標高差のために最高気温や最低気温の誤差も生じてくる．ガイダンスではこれらを修正している．

図 4.4 の左側は MSM で予想した，東京における夏季の最高気温の誤差分布である．この時期，数値予報モデルでは最高気温が低めに予想される傾向があり，実際より平均 3℃程度低い．これに気温ガイダンスを適用すると，右側の図となり，その差がほぼ解消することがわかる．

ガイダンスの「翻訳ルール」，すなわち数値予報の結果の客観的な修正法と

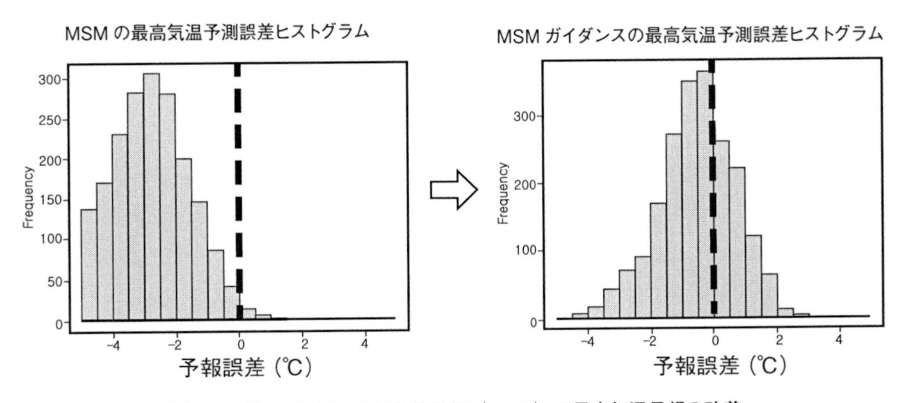

図 4.4　ガイダンスによる数値予報（MSM）の最高気温予想の改善

2013 年 8 月の東京都のアメダス地点の，実況が 30℃以上の日の予測誤差のヒストグラム．左側の MSM の予測誤差で最頻値は −3℃程度あるが，右側のガイダンスでは −1℃以下に誤差が低減している．

して気象庁で使われている代表的なものには，①重回帰分析，②カルマンフィルター，③ニューラルネットワークがあり，気象要素の性質に合わせそれぞれの方法が用いられている．また，それぞれの方法のデメリットを補足するため，必要に応じて，さらに①頻度バイアス補正，②層別化が行われている．

4.3.2 風ガイダンスの特徴

風ガイダンスの「翻訳ルール」にはカルマンフィルターが使われており，アメダス地点ごとに作成されている．地形の違いで風の特性が大きく変わること，陸上においては，土地利用形態により風を弱める摩擦力や大気の安定度に差が大きいことなどから，地点ごとにその特性は大きく異なることが多い．モデルで十分に表現されないこれらの部分をガイダンスで修正している．例えば，アメダス全地点を対象にした気象庁の調査によると，2016 年 12 月～2017 年 1 月の MSM モデルによる 2 乗平均平方根誤差（Root Mean Square Error, RMSE）が約 2 m/s あるのに対し，ガイダンスの誤差は約 1.3 m/s となっている．この期間の平均風速は東京で約 3 m/s，比較的風の強い秋田や銚子で 5～6 m/s であることから，ガイダンスがモデルの予測値を適切に修正していることが推察される．

ここで，RMSE とは，予想値と実況の差の 2 乗を予想対象期間内で平均した値の平方根を指す．例えば，誤差 1 m/s が 16 日続いたとき，RMSE は 1 m/s である．一方，16 日のうち 1 日だけ誤差が 4 m/s で，残りは誤差 0 m/s のときでも，RMSE は 1 m/s である．つまり RMSE は大はずれに厳しい評価方法ということができる．

風は，積乱雲の活動に伴い，小さな空間スケールで変化することはあるものの，総観スケールの気圧に支配される部分が大きいことから，発生頻度の少ない強風においても，また予報時間が長い場合でも比較的高い精度が得られる．

図 4.5 は風ガイダンスの予測精度をスレットスコア（Threat Score）で表したものである．スレットスコア TS(X) とは，ある基準値 X（ここでは風速の閾値（m/s））を設け，その基準値以上の予想を行った場合の，あたり，空振り，見逃しのそれぞれの事例数を a，b，c とすると，次の式であらわされるものである．予想対象期間内に X (m/s) 未満だった事例はこの対象とならない．し

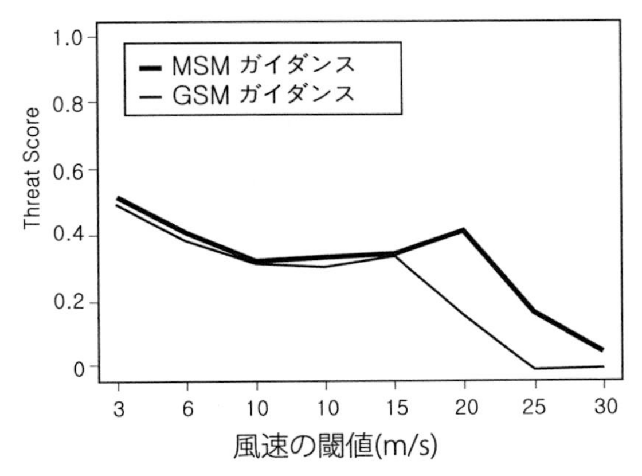

図 4.5　風ガイダンスの精度（スレットスコア）
対象期間は 2013 年 6〜8 月．太線は MSM，細線は GSM．MSM は 10〜33 時間先まで，GSM は 15〜36 時間先までの予報の平均．MSM は全国の暴風警報の基準にほぼ相当する 20 m/s においても，0.4 の精度がある．

たがって，強さごとに精度を評価するのに都合がよい．このスコアの最大値は 1，最低は 0 となる．

$$\mathrm{TS}(X) = a/(a+b+c)$$

ここに示されたスコアはおよそ半日〜1 日半先（MSM では 10〜33 時間先）の予測精度を平均している．特に MSM においては，多くの地域で暴風警報の基準となっている 20 m/s でスレットスコアが 0.4 程度となっている．スレットスコアの「はずれ」のうち，空振りと見逃しの割合を同じと仮定する場合には，適中率が 0.57 程度となり，バイアス（バイアスの資料は省略する．詳細は配信に関する技術情報（気象編）第 389 号（気象庁予報部，2014）などを参照されたい）も 20 m/s で 0.9，25 m/s でも 0.8 程度と 1 をやや下回っている程度であることから，MSM ガイダンスによる暴風の予測は 1 日先でもかなり信頼のおけるものであることがうかがえる．

気象庁から暴風あるいは台風に関する気象情報が発表された場合には，アメダスの地域特性（測風塔が高いと風が吹きやすい．あるいは風向に偏りがある場合がある等）を考慮したうえで，風ガイダンスを積極的に利用したい．

4.3.3 降水量ガイダンスの特徴

降水量ガイダンスの「翻訳ルール」にはカルマンフィルターが使われており，MSM は 5 km メッシュ，GSM は 20 km メッシュごとに作成されている．数値予報による地形性の降水は，全般には実際より弱いことが多い．ガイダンスでは，大気下層の風や湿度，温度，地形の違い等の特性に応じて係数がモデルを走らせるたびに逐次に設定されている．ただ，逐次設定のため，台風がその年初めて接近・上陸し，それまでの最大を上回る大雨となるような場合は，係数が必ずしも最適化されず，過大に推定するようなこともある．このため降水量ガイダンスでは，カルマンフィルターによる修正に加え，頻度バイアス補正も行われている．頻度バイアス補正とは，観測の頻度分布と予測の強さごとの頻度分布が同じになるように偏りを補正するものである．例えば，降水量の大きいほうからの観測値と予測値を対応させて，予測値を観測値と同じ数値になるように補正する．すると強い雨に対する頻度は同じとなる．この頻度バイアス補正は，風ガイダンスに対しても適用されている．

図 4.6 は降水量ガイダンスの評価を示したものである（MSM の場合 3〜33 時間の平均値．2013 年 6〜8 月の成績）．右側のバイアススコアを見ると，MSM ガイダンスでは，3 時間雨量 0.5〜40 mm までバイアスがほぼ 1 となっており，予測値とほぼ同じ強さの雨が降ると考えることができる．スレットス

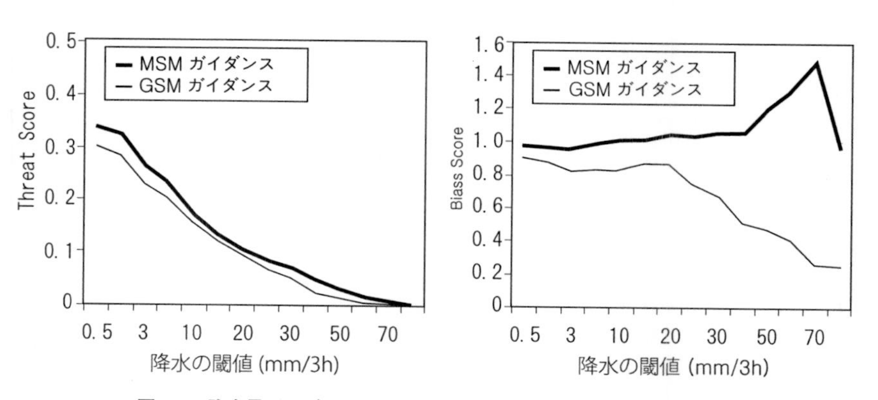

図 4.6 降水量ガイダンスの精度（スレットスコア・バイアススコア）

対象期間は 2013 年 6〜8 月．太線は MSM，細線は GSM．MSM は 3〜33 時間先まで，GSM は 6〜36 時間先までの予報の平均．左側がスレットスコア，右側がバイアススコア．

コア（定義については 4.3.2 を参照のこと）については，強い雨の精度となると，ガイダンスを使った場合でも多くの課題があるといわざるを得ない．これについては，降水短時間予報（4.7 節）で改めて解説する．

なお，台風に伴う，比較的規模が大きく持続性の高い大雨については，集中豪雨等と比較して数値予報モデルで良く予測できており，ガイダンスもさらに精度良く予想していることが多い．台風の進路予報に留意しながら，ガイダンスを数値予報とともに利用して，地形の影響による降水量，地域の平均降水量との違い，台風の渦による降水等を 1 日程度前には想定しておくことが望ましい．

4.4 高 潮 予 報

4.4.1 高潮による過去の被害と高潮予報の概要

高潮は，洪水などの災害と比べると発生頻度は少ないが，過去の台風災害における甚大な被害は高潮によるものが多い．明治以降の日本の気象災害の中で最も多くの 5098 人が犠牲となった伊勢湾台風の死因の多くは高潮によるものである．フィリピン東岸を襲い 7000 人を超す死者・行方不明者が出た 2013 年の台風第 30 号においても高潮の被害は甚大であった．また，2005 年 8 月のハリケーンカトリーナがもたらした高潮により米国のニューオーリンズは壊滅的な被害を受けている．

ここでは，高潮のメカニズムとともに気象庁が現業で運用している高潮数値予測モデルについて解説する．また，この現業モデルを用いた伊勢湾台風による高潮のシミュレーション（名古屋地方気象台，2010）の結果を示す．

台風による高潮の主な原因は，「吸い上げ」と「吹き寄せ」の 2 つの効果である．波浪による潮位上昇効果も，波浪の高い外洋に面した海岸では無視できないが，ここでは省略する（詳細は例えば，田口他，2016）．

吸い上げ効果は，気圧の低下とともに海面が上昇するもので，陸上・海底の地形とは無関係に 1 hPa あたり約 1 cm 潮位が上昇する．一方吹き寄せ効果は，海岸に向かって吹く風により海面付近の海水が海岸に吹き寄せられ，そこで蓄積されて海面が上昇する効果である．その大きさは風速の 2 乗に比例し，水深に反比例する．このような効果の起こっている地点が長いほど海面の上昇が顕著である．したがって，水深が浅い海底地形が長いほど，言い換えれば遠浅の海岸ほど，高潮による潮位の上昇が顕著となる．伊勢湾台風時の潮位偏差は345 cm だったが，名古屋の最低気圧は962.9 hPa であり，吸い上げによる効果はせいぜい50 cm 程度である．したがって，高潮の多くの部分は吹き寄せ効果によることがわかる．実際，日本の甚大な高潮被害は，ほとんどが伊勢湾，瀬戸内海，有明海など南に開けていて水深が浅い海域で発生している．

4.4.2 気象庁の現業用高潮数値予測モデルの概要

高潮は，風と気圧により海水が移動することで生じ，風や気圧の瞬間的なバランスだけでは決まらないため，精度の高い高潮予測を行うには，海水の状況を，時間を追ってシミュレートする必要がある．

現在運用している高潮数値予測モデルは，海水の運動を表現する海洋モデルと，海洋モデルに気圧と風の分布を与える気象予測モデルから構成されている．気象予測モデルとして，通常時はMSMの1種類を運用するが，台風接近時にはMSMに加え，予報円の中心および予報円の端の進行方向の前後左右の4か所の，計6か所の位置に台風の中心が来た場合のそれぞれについて，台風の気圧・風プロファイルを適用して気象予測計算を実施している（例えば，檜垣，2001；気象庁，2006）．これらの予測は観測時刻の約3時間後には完了する．つまり，高潮警報・注意報には，約3時間前の台風の位置や強さの情報が反映されていることになる．

4.4.3 伊勢湾台風に伴う高潮のシミュレーション

伊勢湾台風による高潮が，現在の気象庁現業の高潮モデルでどの程度予測できるかをみてみよう（名古屋地方気象台，2010）．このモデルでは，進路予報と中心気圧，暴風半径が与えられれば高潮を予測することができる．進路予報は，2002～2007年の「大型で非常に強い台風」の中心の予報誤差の平均を算出して，それをベストトラックに加えることとした．具体的には，26日21時の伊勢湾台風の実際の位置から南西方向に70 km ずらした位置を24時間先の予報の位置とし，26日9時に発表する12時間予報では，南西方向に35 km（24時間予報の半分）ずらした．また，中心気圧と暴風半径は解析値を用いた．

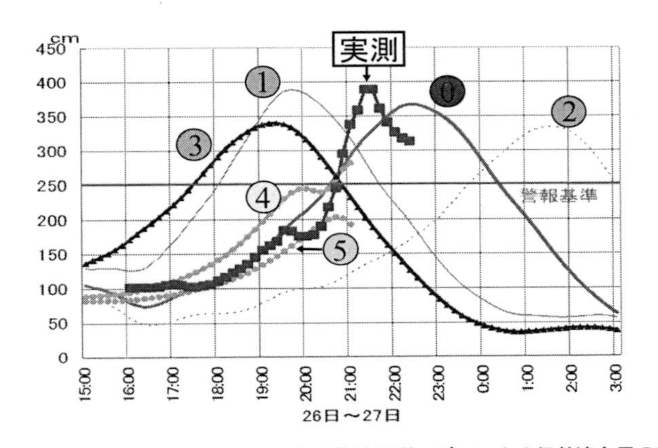

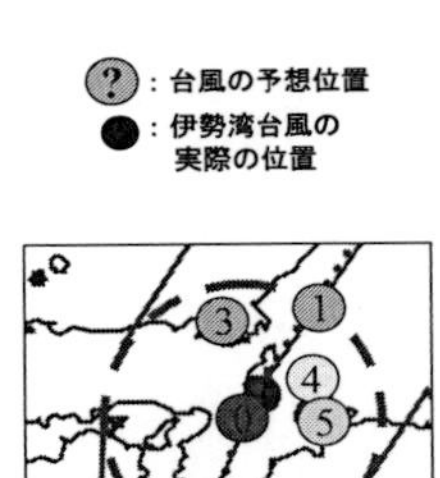

図 4.7　気象庁の高潮数値予測モデルによる伊勢湾台風の高潮シミュレーション

伊勢湾台風の気圧分布・経路を元に，大型で非常に強い台風の平均予報誤差を加えて台風予報とみなし，2008 年現在の高潮モデルを適用して名古屋港の高潮を予想した．

初期時刻は 1959 年 9 月 26 日 09 時で，高潮が最も高くなるほぼ 12 時間前．予報誤差を考慮して，右側の図の，12 時間予報の予報円内の①～⑤に台風中心が来た場合の高潮予想を数字を付して示している．⓪は予報円の中心に来た場合の予想．21 時 30 分に最大となる太線は名古屋港の実際の高潮である．台風が予報円の中心を通過した場合は，誤差は約 30 cm である．中心が名古屋市付近を通過した場合には 3 m に達しない．

台風が予報円の中心を進んだ場合の名古屋港における高潮予想は，実況 389 cm に対し，高潮が最も高くなる 26 日 21 時の 1 日前を初期値とした場合に 355 cm，12 時間前では 360 cm である．次に，台風の進路予報の予報円の中心からのずれと高潮予報の違いについて，12 時間前を初期値とする高潮予報（図 4.7）で見てみよう．図 4.7 の左側の図は，予報円の中心から外れた 5 つの場合に予報円の中心の場合を加えた高潮予想値の時系列であり，左側の図中の数字に対応する台風中心の予想位置を右側の図に示している．また，21 時 30 分に最大となる黒の太線は，名古屋港の実際の高潮の時系列である．

予報円の中心を進んだ場合，台風の進路予報の誤差の影響でピーク時刻が 1 時間程度遅れるものの 3.6 m の高潮を予測している．つまり，約 30 cm の誤差で予測ができている．伊勢湾台風が上陸した当時の高潮の予報が 1～1.5 m であったことから考えると，かなり精度が高いことがわかる．予報円の中心を進んだときの分布図（図 4.8 の左側）でも，伊勢湾の北部海岸で高潮が最も高い様子がうかがえる．

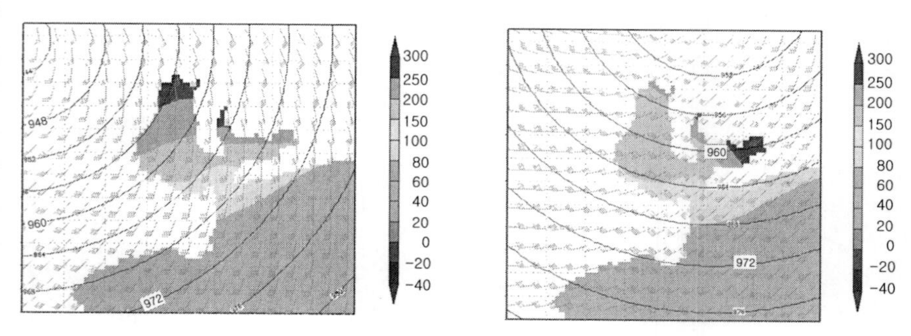

図 4.8　伊勢湾台風が通過する位置の違いと高潮

左は，26 日 9 時を初期値とする台風の 12 時間予報において，予報円の中心を台風が通過した場合に想定される高潮を表す．図中の円弧は予想等圧線である．最大 360 cm が名古屋港付近で予想されている．右は，伊勢湾台風の中心が名古屋付近を通過した場合に予想される高潮を表す．名古屋港の高潮の最大は 250 cm 程度だが，三河湾では 300 cm を超える高潮が予想されていることがわかる．

また，この資料では，台風がどのコースを通るとどの程度の高潮が起こる可能性が高いかについても想定することができる．若狭湾付近を台風が通過した場合は，3.5 m に近い潮位上昇が予想されている．高潮の分布は予報円の中心を通った場合とほぼ同じである（図省略）．一方，名古屋市付近を通過した場合(④に対応する．分布は図 4.8 の右側)は，約 2.8 m の潮位上昇が予想される．この場合は三河湾の豊橋付近で高潮が最も高くなり，豊橋付近の予想潮位の最大は 3.0 m を超える．予想進路がさらに右側の伊勢湾の中部を通過すると（⑤に対応する）名古屋港の高潮は注意報級の 2.0 m 程度となる．

これらの結果から，台風の中心位置が伊勢湾のどこを通過するかにより，高潮の状況が大きく変わることがわかる．台風における中心位置が重要な情報である所以の 1 つが理解できよう．

4.5　竜巻発生確度ナウキャストと竜巻注意情報

竜巻発生確度ナウキャストは，竜巻，ダウンバースト，ガストフロントなどの激しい突風（以下「竜巻等」）の発生する可能性が高まっている領域を 10 km ごとに解析し 1 時間先まで予測する図情報で，10 分ごとに更新している．また，竜巻注意情報は，竜巻等のはげしい突風に対して注意をよびかける文字情報で，雷注意報を補足する情報として，各地の気象台等が天気予報と同じ一次細分区域を対象に発表している．竜巻注意情報は，竜巻発生確度ナウキャストで発生確度2が現れた地域に発表するほか，目撃情報が得られて竜巻等が発生するおそれが高まったと判断した場合にも発表しており，有効期間は発表から約1時間である．

米国のトルネードや，日本の大雨災害等と比べ，日本の竜巻等による被害は相対的に少ない．また，直接竜巻等を観測することが難しく，数時間以上前からの予測も困難なことから，従来，日本では竜巻の発生に対して警戒をよびかける情報はなかった．このような中，2005年12月に山形県で突風により羽越(うえつ)本線の特急列車脱線事故が発生し，その翌年にも宮崎県延岡市，北海道佐呂間町で相次いで甚大な竜巻災害が発生した．これらの災害により竜巻等に関する新たな気象情報への社会的な機運が高まったことを受け，2008年3月，「竜巻注意情報」の運用が開始され，2010年5月には竜巻発生確度ナウキャストが開始された．なお，これらの運用開始の背景として，羽越本線列車脱線事故を契機とした気象庁における竜巻等に関する気象情報の技術開発の成果を記しておきたい（瀧下，2009）．

4.5.1 竜巻発生確度ナウキャストのアルゴリズムの概要

竜巻等は，規模が小さいことから，空港に設置されている気象ドップラーレーダーなど一部を除けば直接に捉えることはできない．そこで，竜巻発生確度ナウキャストでは，気象ドップラーレーダーなどから「竜巻が今にも発生する（または発生している）可能性の程度」を推定し，これを「発生確度」という用語で表して，情報を提供している．

「発生確度」には，1と2のレベルがある．発生確度2の予測の適中率は7～14%で，捕捉率は50～70%である．また，発生確度1の予測の適中率は1～7%で，捕捉率は80%程度である．

「発生確度」を発表するのは，「突風危険指数」が閾値を超えている場合，またはメソサイクロンを検出した場合の2通りである．この判定結果を積乱雲の移動速度に従って移動させることで，60分先まで予測を行う（図4.9参照）．

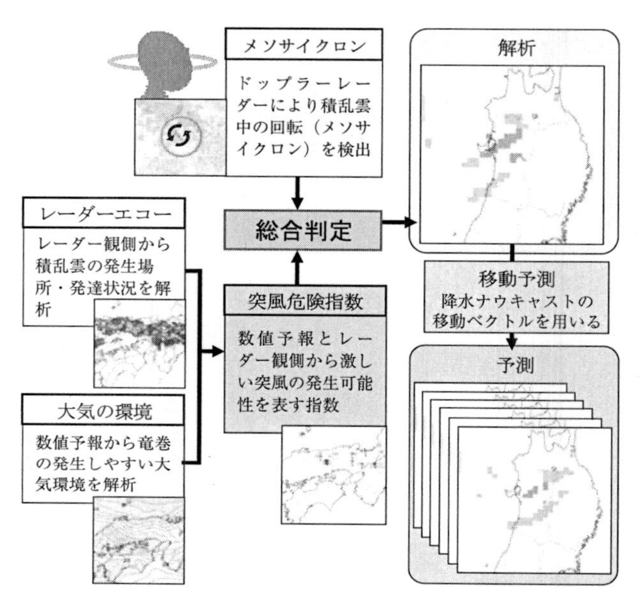

図 4.9　竜巻発生確度ナウキャストの作成手順

4.5.2 竜巻が発生しやすい大気環境と突風関連指数

強い竜巻やダウンバーストは，メソサイクロン（直径数 km の大きさを持つ低気圧性の回転．竜巻等の突風を伴うことが多い）に伴う積乱雲から発生することが多い．日本でも，空港に設置されている航空気象ドップラーレーダーで1996～2006 年に発生した，竜巻と考えられる 26 事例のうち 18 事例でメソサイクロンが検出されている（瀧下，2009）．しかし，日本で発生するかなりの数の規模の小さい竜巻やメソサイクロン等を気象ドップラーレーダーで観測することは容易ではない．特に気象レーダーから 100 km 以上はなれた地点では困難である．

一方で，メソサイクロンを伴うスーパーセルが発生するような大気環境かどうかは，数値予報によりある程度予測可能であることが知られている．例えば，大気の状態が不安定であること，鉛直シアーが大きいことが重要であり，米国では，これらを監視する指標として CAPE（convective available potential energy），SReH（strom relative helicity），EHI（energy helicity index）などが利用されている（CAPE は大気の不安定度を表す指標，SReH は下層の風のシアの大きさを表す指標で，EHI は CAPE と SReH の積である．詳細は，例えば瀧下(2009) を参照のこと）．気象庁では，これらの数値予報から求まる指標を元に「突風関連指数」を計算して，竜巻の発生しやすい環境場を選び出している．「突風関連指数」は，気象レーダーからの距離等の特性に左右されないことから，竜巻等の検知能力を高めるため重要な役割を果たしている．

この「突風関連指数」の高い環境の中で発生しているレーダーエコーの強さに基づいて，最終的な突風発生の危険度を推定している．これが，竜巻発生確度の判定方法の１つ「突風危険指数」である．

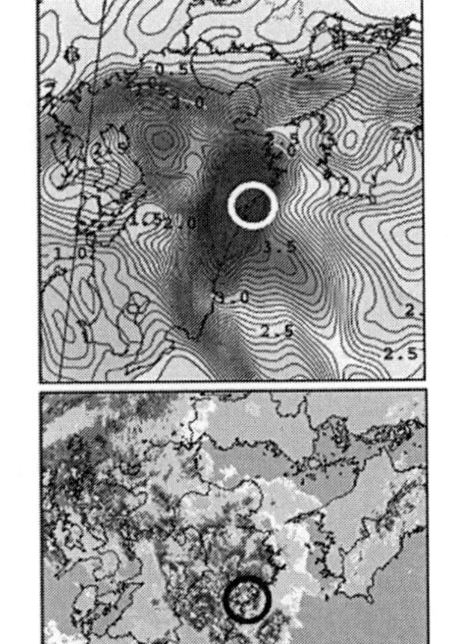

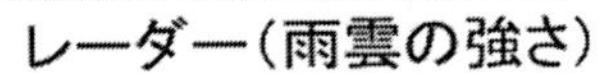

図 4.10　2006 年 9 月 17 日の竜巻発生時の突風危険指数

左上の図は，15 時を予測時刻とする数値予報（MSM）から算出した EHI．左下の図は延岡市で竜巻が発生した 14 時 10 分のレーダーエコー合成図．右の図は，この２つを合わせて計算した突風危険指数である．解析値をレーダーエコーの移動速度にあわせて移動させ，60 分先までの竜巻発生確度を予測する．

突風危険指数は 0〜100 の数値で表わされ，数値が大きいほど突風の危険度が大きい．図 4.10 は，「突風危険指数」で発生確度を判定した，2006 年 9 月 17 日の例で，このときには宮崎県延岡市で竜巻が発生し，死者 3 人，住家被害 1180 棟の被害が出た．図の左上は竜巻が発生したときとほぼ同じ時刻の突風関連指数（EHI），左下はレーダーエコー強度，そして右側がこれらのデータを利用して計算した突風危険指数である．竜巻は，円のほぼ中央で発生している．

4.5.3 竜巻注意情報の精度

竜巻注意情報の 2008 年の運用開始以降の精度を表 4.2 に示す．ここで，「適中率」とは，竜巻注意情報の「発表数」のうち，有効期間内に竜巻等（竜巻，ダウンバースト，ガストフロント）の発生報告があった割合を表す．また，「最大瞬間風速 20 m/s 以上の事例を含めた場合の適中率」は，突風が報告されるか対象県内のアメダス観測で最大瞬間風速が 20 m/s 以上を記録した場合に適中とみなした割合を示している．「捕捉率」とは，実際に報告された「突風回数」のうち，竜巻注意情報で予測できた割合である．

この表から，年による変動の幅が大きいものの，竜巻注意情報の適中率は概ね 4〜9% 程度であることがわかる．また，アメダスの観測で瞬間風速 20 m/s 以上を観測した事例も含めて検証すると，適中率は 20〜30% 程度となる．

また，竜巻注意情報による竜巻等の捕捉率は 30% 程度となっており，特に

表 4.2　竜巻注意情報の精度

年	2008	2009	2010	2011	2012	2013	2014	2015
適中率	9%	5%	5%	1%	3%	4%	2%	4%
（最大瞬間風速 20 m/s 以上の事例を含めた場合）	22%	30%	26%	18%	25%	24%	22%	24%
捕捉率	24%	21%	34%	21%	32%	42%	27%	35%
（F1 以上の捕捉率）	31%	67%	67%	20%	40%	38%	33%	78%
発表数	172	128	490	589	597	606	604	402
突風回数	70	34	67	39	50	59	37	48
（F1 以上の回数）	13	6	6	5	10	21	6	9

大きな被害が確認されている F1 以上では，捕捉率は高い．

竜巻注意情報の発表回数は，およそ都道府県に対応する広さの地域を対象としていた（2016 年 12 月まで．これ以降は一次細分区が対象となっている）ことから，対象地域ごとに 1 年間に 10 回程度発表していることになる．

4.6 解析雨量

4.6.1 解析雨量の概要

a. 解析雨量とは

解析雨量は，浸水，洪水，土砂災害等の誘因となる大雨をはじめとした雨量を的確に把握するために，気象庁が開発した 1 時間雨量分布である．開発当時は気象レーダーとアメダス雨量計の観測値を使用した 5 km メッシュの解析資料だったが，現在は，国土交通省のレーダー雨量計，国や地方機関等の雨量計のデータも取り込んでおり，約 1 km メッシュの「国土交通省解析雨量」として 30 分ごとに配信されている．

解析雨量の特長の 1 つは，全国 5 km メッシュの 1 時間雨量が 1988 年から現在に至るまで利用できることである．気象庁では，過去 30 年の解析雨量から作られる土壌雨量指数，流域雨量指数，表面雨量指数を，過去の災害と比較調査したうえで，大雨，洪水に関する警報・注意報の基準として使用している．2013 年に開始された大雨特別警報の基準についても 5 km メッシュごとに想定される，発生頻度が 50 年以下のまれな大雨の指標として，解析雨量および土壌雨量指数のアーカイブが使われている．解析雨量は海上でも解析されており，降水短時間予報のほか，数値予報の初期値解析にも用いられて，それぞれの精度向上に貢献している．なお 2006 年から約 1 km メッシュで配信されているが，その具体的なサイズは国土数値情報の三次メッシュ（緯度 30 秒，経度 45 秒の約 1 km 四方）と同じであり，土壌雨量指数，流域雨量指数，表面雨量指数で使用される，地形，土地利用等の国土数値情報のサイズと整合している（牧原他，1991）．

b. なぜ解析雨量が必要なのか

土砂災害や洪水害，浸水害をもたらす大雨の観測には，主として雨量計と気

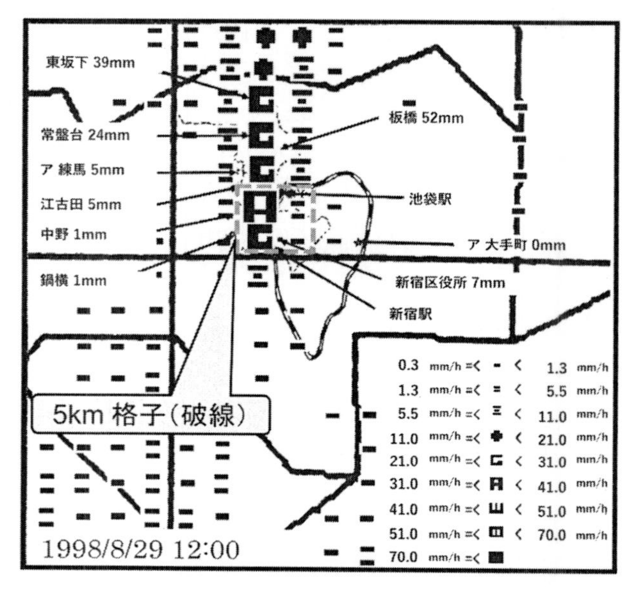

図 4.11　局地的な大雨とレーダー観測

象レーダーが使われている．雨量計の観測精度は降水強度 100 mm/h においても 3% 以内（気象業務法に基づく測器検定基準）である．ただ，水害をもたらす大雨の発生がしばしば局地的であることは，「夕立は馬の背を分ける」のことわざにもあるとおりで，17 km 間隔で設置されているアメダス雨量計では，大雨がどのように分布しているかを正確に観測できない．

図 4.11（牧原，2007）は，1998 年 8 月 29 日に東京都 23 区の北西部で局地的な大雨が降ったときの東京レーダーのエコー強度図に，東京都が設置している雨量計およびアメダスで観測した 1 時間降水量を重ねたものである．

この大雨で 52 mm を観測した板橋区の北東に隣接する北区で，床下浸水と崖崩れが報告され，池袋駅の南のエコー強度記号「A」付近でも床下浸水が報告された．雨量計の観測値によると，板橋区で非常に激しい雨が降ったものの，新宿区，千代田区，中野区，練馬区ではほとんど雨はなく，池袋駅より南側では，新宿区役所の 7 mm が最大となっている．ただ，エコー強度記号「A」付近の被災者からの話と強いレーダーエコーから，大雨が降ったことはほぼ間違いない．東京都は雨量計を平均 4.5 km に 1 か所設置しており，この図に示された地域はさらに細かな間隔で設置されているが，雨量計では池袋の南の大雨は把握できなかったのである．

このときの破線で示した5 km メッシュ（このメッシュの代表地域は新宿区）の解析雨量は85 mm を示した．当時，気象レーダーは2.5 km メッシュで観測されていたが，5 km メッシュで解析されている解析雨量には，4 メッシュの最大値が使用されていた．

図4.11から，気象レーダーから解析された大雨も新宿区役所の7 mm も誤りではなく，雨が局地的であることがこれらの差異の要因であり，少なくとも2，3 km に1か所以上の雨量がなければ大雨を的確に捉えることができないことがわかる．

現在，解析雨量は約1 km メッシュで解析されており，使用されている雨量計は9000か所ほどであるが，雨量計だけで日本中を1 km メッシュ間隔でカバーするには38万か所，2 km メッシュでも9万か所の観測が必要であることから，雨量計のみで山岳，湖沼等を含む日本中を観測することは現実的ではない．一方気象レーダーは，空間的，時間的に連続して降雨を把握することができるが，リモートセンシング機器でさまざまな制約があるため，観測精度は雨量計に劣る．解析雨量は，このような背景のもとに，気象レーダーと雨量計のそれぞれの利点を活用して作られている．

c. 解析雨量の基本的な考え方

図4.11で52 mm を観測した板橋は，レーダーの強さ「三」と「c」のレベルが表示されている中間付近に位置する．「c」の代表値は26 mm 程度（このメッシュの具体的なレーダー観測値は25 mm）であるので，この気象レーダーの「c」のレベルの付近では，少なくとも52 mm 程度の雨が降ると推定することができる．この図の最大レベルは「A」で，このメッシュのレーダーの強さは36 mm 程度（具体的な観測値は39 mm）であり，「c」と板橋の雨量の関係をあてはめれば，「A」付近では80 mm を越える大雨となったと推定される．このレーダー雨量と地上雨量計の雨量との比を東京都23区付近のアメダスとレーダー雨量で作成し平均すると2.2となっており，最終的に「A」の解析値は86 mm(＝39×2.2)となる．これが解析雨量の解析の基本的な考え方である．なお，解析雨量の作成過程におけるこの比2.2には，東京都の雨量計は使用し

ておらず，板橋付近の解析値は 55（=25×2.2）となっている．

4.6.2 解析雨量の作成手順

気象レーダーのエコーから降水量を推定するときには，以下のような要因により誤差が生じる．

- 雨粒の粒径分布を正確に推定することが困難な場合があり，誤差の要因となる．
- 気象レーダーから距離が遠いと，ビームが広がり，観測高度が高くなり，誤差の要因となる．
- 猛烈な雨の中をレーダービームが通過すると電波が減衰し，誤差の要因となる．

解析雨量は，これらの誤差要因を，それぞれの特性を考慮しながら，図 4.12 に示した手順に従って作成している．詳細については，気象庁予報部予報課

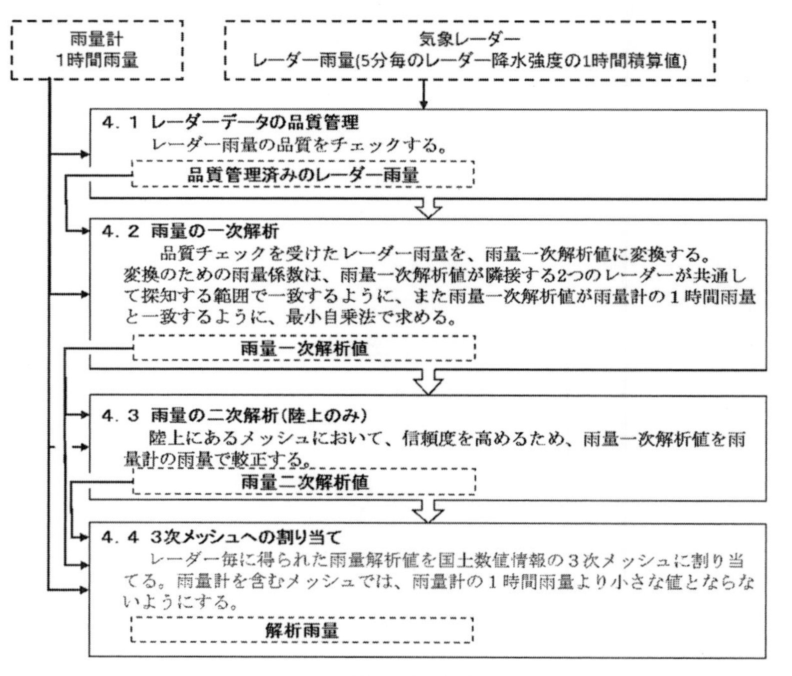

図 4.12 解析雨量の作成手順

(1995) 等を参照いただきたい.

4.6.3 解析雨量の精度と利用上の注意

解析雨量の精度について議論するとき，まず解析雨量における「正しい値」とは何かを正しく認識する必要がある.「メッシュ内の地上雨量計の観測値に等しくなる数値」でないことは，メッシュ内に複数の雨量計があった場合，特に局地的大雨では，その値が大きく異なることから明確である．気象庁予報部予報課（1995）は,「解析雨量は面的な雨量，アメダス雨量は点の雨量」と説明している．また，次のようにいうこともできよう.「アメダス雨量はポイントにおける値であり，しかも雨量計が5 km メッシュ内の特定の位置に設置されているわけではないので，メッシュ内の最大雨量や最小雨量とは無関係である．したがって,アメダス雨量について場所や時間に対して統計をとると,メッシュ内の平均的な値を示すことになる．このことから，アメダス雨量を基に修正する解析雨量も，基本的にはアメダス雨量と同様な値，すなわち統計をとるとメッシュ内の平均的な値となるべきである」(牧原，1993).

ここで，対流性降水における東京都およびアメダス雨量計による観測値と解析雨量との関係について，図 4.13 で見てみよう（気象庁予報部予報課,

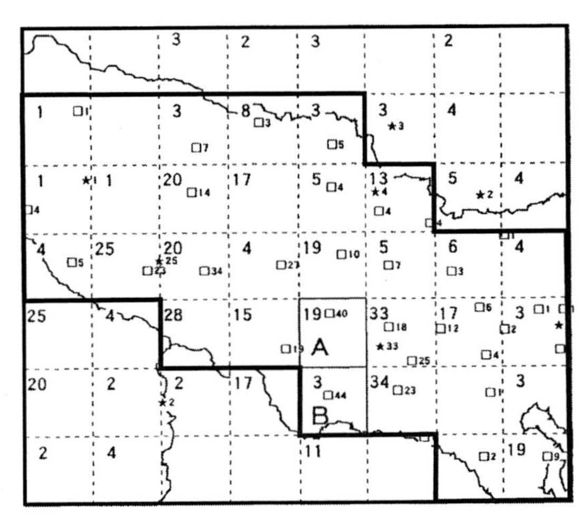

図 4.13　解析雨量と東京都雨量計の観測値

1992 年 8 月 1 日 18 時の東京都西部の分布.

1995)．図の対象時刻は 1992 年 8 月 1 日 18 時で，このときの 1 メッシュの大きさは 5 km である．この図では，面の情報である解析雨量と点の情報である雨量計データの特性の違いが顕著に現れている．

メッシュの左上の数値が解析雨量，小さい□のすぐ右の数値が東京都雨量計の観測値，同じく★のすぐ右の数値がアメダスの観測値である．解析に東京都の雨量計は使用していない．A と B で示したメッシュの解析雨量はメッシュ内の雨量計観測値よりかなり小さい．ただ，メッシュ A，B の 1 つ東隣りのメッシュの解析雨量は，A, B の雨量計観測値に近い数値となっている．また，B の東隣りでは，雨量計観測値より解析雨量のほうが大きい．

解析雨量における解析では，レーダー雨量を地上雨量計で補正するが，補正に利用する雨量観測値は，必ずしも同じメッシュという制約を行っていない．これは，上空でレーダー雨量を観測しても，それが地上に落下するまでに，途中の風で流され，他のメッシュに入ることがあるためである．さらに，レーダー座標におけるメッシュで解析した値を最終的な解析雨量のメッシュに当てはめる場合に，位置の誤差が生じるため，地上雨量観測値と異なるメッシュに対応する場合がある．

ここで，図の太線で囲まれた東京都内のメッシュにおける地上雨量計観測値（メッシュ内では最大値）と解析雨量とで，5 mm 以上，10 mm 以上，20 mm 以上，30 mm 以上のそれぞれの個数を比較すると，雨量計では 16，11，7，5，4，解析雨量では，17，13，6，4，2 となっている．これを見ると，両者の強さごとの発生頻度に大きな違いがないことがわかる．

図 4.14 は 1 km メッシュの解析雨量の，アメダスを用いた精度の検証結果である．これは，全国のアメダス観測所のうち約 20% を除外したうえで解析雨量を作成し，除外したアメダスに対する解析雨量（1 km メッシュ）の精度を検証したものである．0.5 mm 以上の雨量を対象にしており，期間は 2011 年 4 月から 7 月までの 4 か月間である．

図 4.14(a) は，解析で除外したアメダスの真上のメッシュの解析雨量との比較，右はアメダスを含む 9 メッシュの解析雨量のうちアメダスの雨量に最も近いものとの比較である．

周辺を含む 9 メッシュでの精度検証は，レーダーが上空の降水エコーを観測

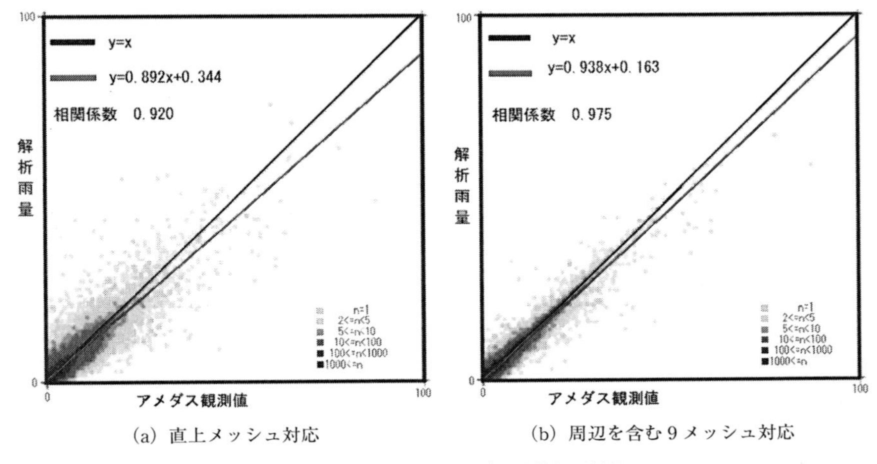

(a) 直上メッシュ対応 (b) 周辺を含む9メッシュ対応

図4.14 解析雨量とアメダス雨量との対応

しているために，特に対流性降水において雨粒が地上に到達するまでに生じる位置ずれや，三次メッシュへの合成の際に生じる0.5メッシュ未満の位置ずれなどを考慮したものである．実際，レーダーの観測高度2kmの上空で5m/sの風が吹いているならば，落下するまでに1kmずれることも，台風接近時などではそれほどまれではない．図4.14(b) は，1km程度のずれを考慮することで，対応の良い雨量分布が得られることを表している．

この図からもわかるように，1kmメッシュの解析雨量は，平均的には強雨域でいくぶん弱めに解析されている．これは特に発生頻度の小さい，警報級の大雨を過大とならないように把握することを目的として解析されているためである．なお，1988年から蓄積されている解析雨量のうち，5kmメッシュの解析雨量に使われているレーダー雨量は2.5kmメッシュで観測された4つのレーダー雨量の最大値であることから，5kmメッシュの解析雨量は，平均するとやや強めに（総雨量の比較で1割程度）解析されている（Makihara *et al.*, 1996）.

ここまで述べてきた解析雨量の特性をふまえたうえで，利用に際して以下のことに留意することで，解析雨量の有効性はさらに高まるであろう．

まず，解析雨量は1kmメッシュ単位ではあるが，対象となるメッシュのみの降水量だけで評価するよりも，隣接メッシュも含めて大雨の有無を判断するほうが有効である．実際，気象庁が警報，注意報，情報を運用する際には，そのようなことを前提にして解析雨量を活用している．1 km メッシュの解析雨量は，統計的には 100 mm の降水を解析雨量では 94 mm 程度と若干少なめに解析する．反対に雹（ひょう）のように粒径が大きい降水では過大評価する可能性が高い．また，気象レーダーから遠く，レーダービームの中心高度が 3 km 以上ある山地等の一部地域では，雲頂高度の低い地形性降水を伴う雨に対する解析精度が低下する可能性がある．

4.7 降水短時間予報と「今後の雨」

降水短時間予報は，1 km メッシュの 6 時間先までの 1 時間降水量予想であり，大雨，洪水に関する防災情報の基礎資料として利用されているが，2018 年に大きな改善があった．1 つは，30 分ごとに計算されていた時間間隔が 10 分ごとに短縮されたことである．もう 1 つは，降水量ガイダンスに基づく 7 時間先から 15 時間先までの 5 km メッシュの 1 時間降水量予想が「降水 15 時間予報」として運用されるようになり，降水短時間予報とともにシームレスに提供されるようになったことである．気象庁のウェブページでは，「今後の雨（降水短時間予報）」というタイトルで，降水短時間予報と降水 15 時間予報がシームレスに表示されている．これにより，目先の予想はより精細になり，半日先までの降水についても，別の資料を見ることなく，同じ画面で詳細に知ることができるようになった．

4.7.1 降水短時間予報アルゴリズムの概要と特徴

降水短時間予報は，1 km メッシュの解析雨量とともに大雨や洪水の警報・注意報に利用されている．特に，大雨，洪水の警報・注意報の基準になっている土壌雨量指数，流域雨量指数，表面雨量指数の入力値としてこの予報が使われており，土砂災害，洪水災害の軽減に寄与している．

レーダーを使用した降水予測は，世界各国で実用化されているが，降水短時間予報の大きな特徴は，降水強度でなく 1 時間降水量を予想していること，降水の移動や発達・衰弱処理について，地形の影響を考慮したアルゴリズムを導入していること，数値予報の降水量予想との合成により6時間先まで予想していること，などである．

降水短時間予報は，気象レーダーや解析雨量で得られた情報を元に過去数時間の降水域の移動や発達・衰弱の傾向を補外する「実況補外型予想」と，「数値予報（MSM およびLFM）の降水予想」を合成（マージ）して，6時間先まで作成される（気象庁予報部予報課，1991；永田・辻村，2007）．図 4.15 に処理の概要を示す．あわせて，降水短時間予報を補足し，詳細な降水予報の計算時間間隔を短くするための「速報版降水短時間予報」，および7〜15時間先までの「降水15時間予報」との関係を示す．

降水短時間予報は，大雑把には前半3時間は実況補外型予想が主に使われ，

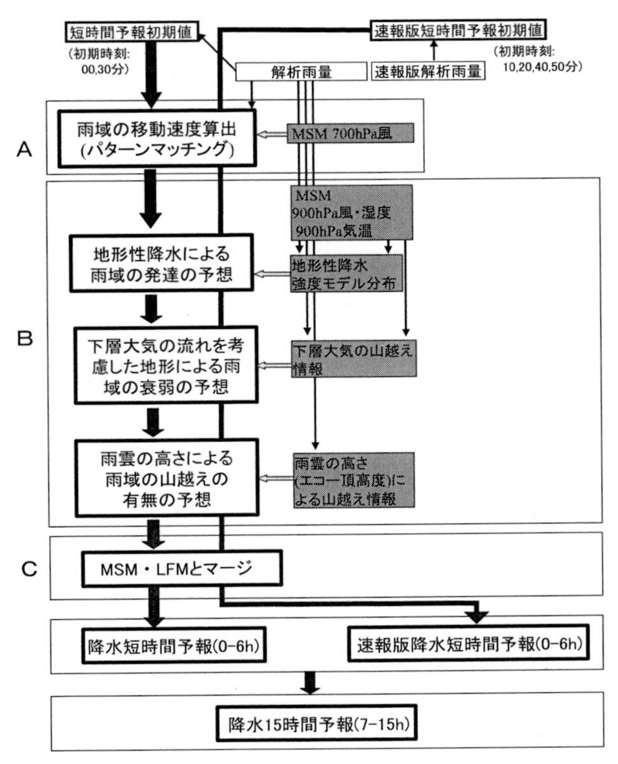

図 4.15　降水短時間予報の作成手順と速報版降水短時間予報，降水15時間予報との関係

後半3時間は数値予報が主に使われている．2〜6時間先の予報では，2種類の予想の過去3時間の予想の成績に応じて重み付き平均が使われている．この合成の重みの変化は気象庁ウェブページの予想値の動画などでも確認できる．

実況補外型予想で使用されるデータは，過去3時間分の解析雨量，レーダー強度合成図，エコー頂高度合成図であり，予想の初期値，移動速度の算出，発達・衰弱の判定とその量の算出に使用される．予想の初期値には，解析雨量の解析過程で算出される雨量換算係数を初期時刻のレーダーエコー強度にかけあわせた雨量強度分布を使用する．2008年5月からは，気象庁レーダーに加えて26台の国交省レーダー雨量計を使用するようになり，予報でカバーできる西端は五島列島の西方（チェジュ島の東端付近）まで広がっている．

従来から運用されている降水短時間予報は，正時後0分，30分を初期値として計算されるが，集中豪雨等10分程度の短時間に降水強度が大きく変化する場合には，十分な精度が確保できないことがある．しかし，降水短時間予報の結果は警報・注意報発表に直結しており，一定の精度の確保は最優先課題であることから，「速報版降水短時間予報」を正時後10，20，40，50分に運用している．速報版降水短時間予報は，正時後0分，30分に計算される降水短時間予報とは若干異なり，「速報版解析雨量」とその関連情報を元にして初期値を作成し計算するもので，速報版解析雨量作成時に使用される地上雨量計の数が少なく，予想精度はやや低くなるものの，短時間で処理できるため，大雨時に迅速に防災情報を提供できるメリットがある．

降水15時間予報は，半日程度先までの詳細な降水予想を，降水短時間予報とシームレスに提供するためのものである．この予報時間帯の降水量予想として最も精度の高い降水量ガイダンスに基づいて作成されている．ただ，降水量ガイダンスは5 kmメッシュにおける3時間内の，平均降水量，最大降水量，最大1時間降水量の予想であるため，MSMの1時間予想降水量を利用して1時間予想値に変換する．また，降水は広範囲に平均的に広がる場合と対流性降水のように局地的に分布する場合があるため，降水量ガイダンスを，平均降水量予想と，最大降水量予想のグループに分け，両者のグループごとの予想値に対して重みを付けて合成し，最終的な予想値としている．

4.7.2 降水域の移動予測

降水域の移動速度の計算には，画像の変位量の推定に一般的に利用されているパターンマッチング法を使用している．パターンマッチングとは，2つの時刻の降水量分布図の一方を移動させて重ね合わせながら類似度を計算していき，一番類似度が高かった移動量をその2つの時刻間の降水域の移動量とするものである．予想時間が最大6時間と長いため，比較する降水分布の時刻差を最大3時間までとっている．また，比較する降水分布としては解析雨量を使用している．このマッチングでは，比較する時刻の差が1時間以上のため，寿命の短い降水のセルでなく，降水のクラスターの移動を追跡していることになる．

4.7.3 降水の発達・衰弱

「実況補外型予想」における降水の発達・衰弱は，主に地形に関して処理を行っている．これは，メカニズムがある程度解明されており，実況の雨量分布に，数値予報による大気中・下層の風と温度，湿度分布を利用することで推定することが可能だからである．

a.　地形による発達

地形に付随する雨域は，低気圧などの接近とともに発生し，停滞することが多い．そして，その低気圧が離れると消滅する．降水短時間予報で採用している方法は，シーダー-フィーダー（SEEDER-FEEDER）モデル（Browning and Hill, 1981；立平他，1976）の概念に基づいている．このモデルでは，地形による強制上昇により飽和水蒸気量を超えた水分が霧状の「微小水滴」になっているとし，この微小水滴をその上空から降ってくる「非地形性降水」の雨滴が捕捉することにより降水が増加する．微小水滴の量の推定には，MSMの地上と上空（950，900，850 hPa）の風，気温，露点差および高度を使い，上昇によって下層の気柱内の水蒸気が凝結する量をその推定値としている．

このような効果は，台風や低気圧による降雨の際に山地に停滞する降水や，冬型の気圧配置のときの日本海側の降雪によくみられる（図4.16）．

b.　地形による衰弱・消滅

衰弱については，①山を越えた後に衰弱・消滅する「降水衰弱（＝山越え減衰）」，②山を越えられるか否かの「降水の山越え判断」の2つの手法を使用し

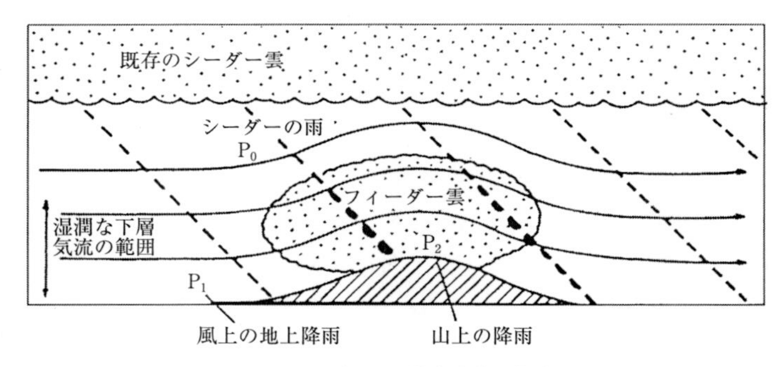

図 4.16 地形による降水強化の模式図

Browning and Hill（1981）の概念図．非地形性降水（既存のシーダー雲）の雨粒が，地形性降水雲（フィーダー雲）の微小水滴を併合して成長することを示している．P_2-P_0 が地形性降水となる．P_0 が弱ければ P_2 も少ないのが，このモデルの特徴である．

ている．

降水域と大気下層風の両者が山岳地帯を越える場合に，実況における衰弱量を元に帰納的に減衰率を算出している．また，冬の季節風の吹き出しに伴う降雪のように，エコー頂高度が低い場合は山岳を越えることができないため，エコー頂高度と衰弱の関係についても，実際の消滅状況を元に，帰納的に算出している．

4.7.4 マージ処理

実況補外型予想と MSM および LFM（local forecast model．水平分解能 2 km で，局地的な現象の予想に重点をおいた，非静力学モデルに基づく数値予報）の降水量予想との結合（マージ）は，3 時間前のそれぞれの予想の精度を毎 30 分の予想計算のときに比較して，精度に応じた重み付き平均により最終的な予想雨量としている．このため，同じ予想時間でも，降水の性質によって 2 つの予想雨量を平均する際の重みは変化している．この処理のおかげで，最終的な製品である降水短時間予報の統計的な精度は，実況補外型予想，MSM 降水量予想それぞれの予想精度よりも高くなっている．

4.7.5 降水短時間予報の精度

スレットスコアによる降水短時間予報の精度を図 4.17 に示す（牧原, 2007）. 図中の線は降水短時間予報, 実況補外型予想, MSM 降水量予想, 持続予報それぞれのスレットスコアであり, 対象は 2005 年の 20 km メッシュの平均で, 閾値は 1 mm である. これは, 雨の有無予報の精度とみることができる（スレットスコアの定義については 4.3.2 を参照のこと）.

一般に, 予報としての価値は, 予報技術を使わないで得られる得点を予報がどれだけ上回るかで表される. 例えば, 次の時刻も直前の観測値と同じ量と仮定する方法は,「持続予報」とよばれており, 予報技術を要しない予報である. したがって, これをどれだけ上回るかが重要である. 図 4.17 によると, 降水短時間予報は, いずれの予報時間も持続予報を 0.1〜0.15 程度上回っており, 情報価値のある予報であることが明確である. なお, 実況補外型予想と MSM とを比較すると, 5 時間先より目先では実況補外型予想が, 6 時間先では MSM のほうが精度が高いことがわかる. また降水短時間予報は, その 2 つをいずれも上回っており, 両者をマージした効果が表れていることがわかる. なお, 2013 年の 5 mm の閾値による評価では, 5 時間以上で MSM が実況補外型予想の精度を上回っており, この程度の強さの雨については MSM による予想の改善が着実に進んでいることがわかる（熊谷, 2014）.

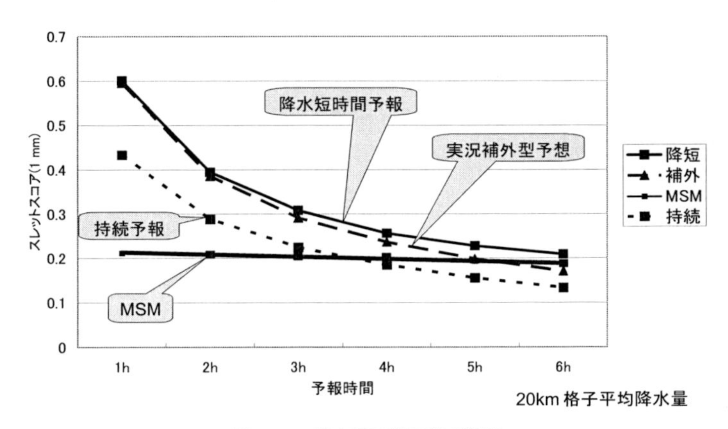

図 4.17　降水短時間予報の精度

2005 年の 20 km メッシュの平均雨量 1 mm を閾値とする降水短時間予報, 実況補外型予想, MSM 予想降水量, 持続予報, それぞれのスレットスコアを示す.

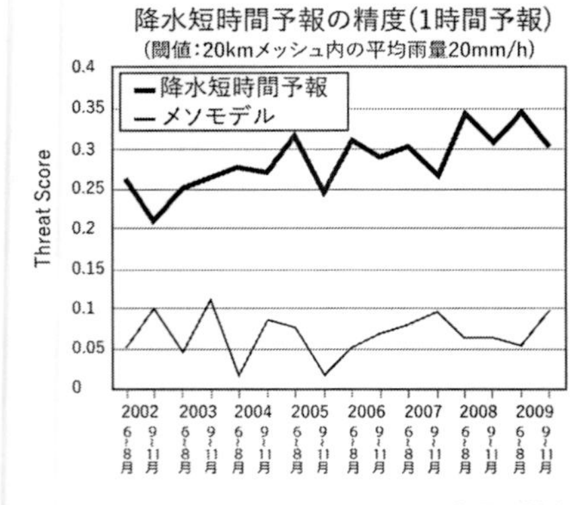

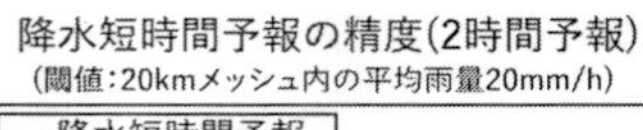

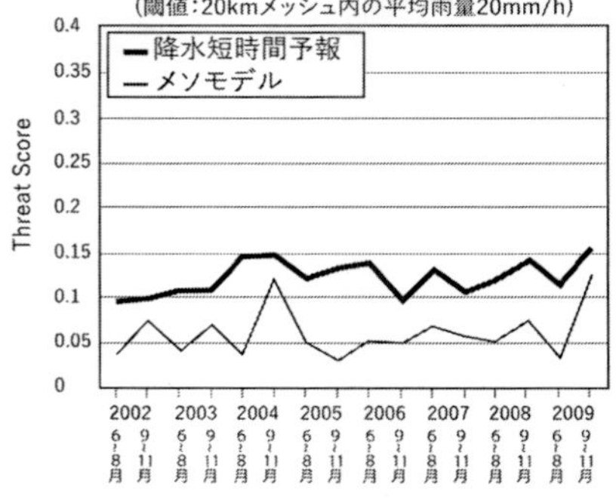

図 4.18 強雨に対する降水短時間予報の精度

2002～2009 年の 20 km メッシュの平均雨量 20 mm を閾値とする降水短時間予報およびメソモデル予想降水量のスレットスコアを示す．20 km メッシュの平均雨量と最大雨量との比は 2.1，400 km² は 2 市町村の面積の全国平均なので，低平地の都市部の浸水に対する旧大雨警報の基準 40 mm の精度にほぼ相当する．

次に，強い雨の精度について見てみよう．図 4.18 は 20 km メッシュの平均雨量 20 mm を閾値とした 1 時間先と 2 時間先のスレットスコアを，暖候期について，3 か月を単位として，2002～2009 年まで時系列で表している．つまり，横軸は，左から順に 2002 年 6～8 月，9～11 月，2003 年 6～8 月，9～11 月，2006 年 9～11 月である．気象庁予報部予報課の調査によると 20 km メッシュにおける最大値と平均値の比は 2.1 であることから，これは 20 km メッシュ内の最大値 40 mm のスレットスコアとみなすことができる．この数値は，大雨警報の旧基準においては，平野の都市部の一部の警報基準に相当する．また面積としては 2 市町村分に相当する．

これによると，1 時間先の降水短時間予報のスレットスコアはほぼ 0.3 程度である．降水短時間予報が実況を主体としていることを考慮して，空振りと見逃しが同数であると仮定すると，「適中率」はスレットスコアを ts として $2 \times ts/(1+ts)$ であらわすことができ，1 時間先の予報の適中率は 46 点と，ほぼ 5 割の適中率ということになる．2 時間先の予報では 26 点とかなり低い．また，MSM の予想はこのような強雨になると改善の余地が大きい．

降水短時間予報の精度の改善は，現在も精力的に行われており，強雨の予測，発達・衰弱の予測を中心に成果が出ている．特に，バイアススコアでは明確な改善がみられる．また，MSMにおいては，例えば「平成27年9月関東・東北豪雨」において，大雨をもたらした線状降水帯を定性的ではあるもののよく表現している．ただ，1時間単位で狭い範囲を評価の対象とする20 mm/hのスレットスコアについては，顕著な進展には至っていない．

4.8 降水ナウキャスト

降水短時間予報は10分間隔で発表され，6時間先までの各1時間降水量を予測する．降水ナウキャストは，予想時間は1時間先までだが，5分ごとの降水の強さの予報が，5分間隔で観測後2分程度に配信されている．初期値は基本的に降水短時間予報の初期値と同じものであり，レーダーエコー強度に，解析雨量の解析時に中間出力される補正分布を使って作成されている．

移動速度は，過去1時間程度のレーダーエコーの移動および地上・高層の観測データから求めた移動速度を元に算出している．降水短時間予報と異なり1時間先までの予測であることから，比較的盛衰の期間が短い小規模の雨雲の小スケールの移動に主目的を置いている．例えば，線状降水帯においては，降水セルが大気中層の流れにほぼ沿って移動し，1〜2時間程度で発達・消滅を繰り返す一方で，線状降水帯自体は大気中層と異なる方向に移動することがよくある．このようなとき，降水ナウキャストでは，降水セルに重点を置いた移動速度を算出し，降水短時間予報では線状降水帯の移動に重点を置いた移動速度を算出する違いがある．

また，降水短時間予報，降水ナウキャストともに，地形の影響等によって降水が発達・衰弱する効果を計算して，予測の精度を高めている．一部の降水については，直近の降水の変化と過去の統計的性質に基づいて降水域の発生も取り込んでいる．

初期値の分布や性質が解析雨量や降水短時間予報とほぼ同じであることから，10分ごとに更新されている洪水，浸水の危険度分布においては，10分ごとに算出される速報版解析雨量とともに，降水ナウキャストが使われている．精度については5章で述べているが，「危険度分布」においては，目先の精度について十分にその役割を果たしている．

なお，高解像度降水ナウキャストは，空間分解能が小さいこと，MP レーダーを合成して利用していること，観測から予報までに降水ナウキャストよりやや時間がかかること，降水の発生・発達・衰弱等に降水ナウキャストと異なる手法が取り入れられていること等に違いがある．

4.9 土壌雨量指数

土砂災害は，数週間以上前から直前までの降水による土壌の水分量と関係が深い．そこで，土砂災害が発生することの多い風化花崗岩のモデル的な斜面の水分量を，解析雨量を入力とした直列 3 段タンクで表し，5 km 間隔で全国分布にしたのが土壌雨量指数である．タンクのパラメータには，過去の顕著な土砂災害に対して有効性が報告されている Ishihara and Kobatake（1979）を使用している（例えば，道上・檜谷，1990）．土壌雨量指数は，実際の斜面の土壌水分量を表しているわけではないが，土砂災害の発生件数や発生確率との間に正の強い相関がある．実際，大雨警報の基準として使用されていた 1，3，24 時間の各降雨量と比べると，精度は明らかに高い（岡田他，2001；牧原・平沢，1993）．

土壌雨量指数は，土砂災害を対象とした大雨警報（土砂災害），大雨注意報の基準として使用されており，大雨特別警報の基準の 1 つとしても使われている．また，気象庁と各都道府県が共同で発表している「土砂災害警戒情報」の基準にも，1 時間降水量と組み合わせて使用されている（立原，2006）．

4.9.1 土砂災害の種類と土壌雨量指数の適用範囲

「土砂災害警戒区域等における土砂災害防止対策の推進に関する法律」，いわゆる土砂災害防止法によると，「土砂災害」とは，①急傾斜地の崩壊，②土石流，③地滑り，④河道閉塞による湛水，を原因として，生命または身体に生ずる被害をいう．これらの概要を表 4.3 に示す．

このうち，急傾斜地の崩壊は，斜面崩壊あるいは山崩れ・がけ崩れともよばれている．この崩壊は，山の表面を覆っている 0.5～2 m 程度の深さの表層土だけが崩れ落ちる表層崩壊と，表層土の下の岩盤までいっしょに崩れ落ちる深

表 4.3 土砂災害の分類とその概要

	急傾斜地崩壊（表層崩壊）	土石流	急傾斜地崩壊（深層崩壊）	河道閉塞（天然ダム）	地滑り
規模	小規模（数十 m～数百 m），深さ 2 m 未満	数 km 下流まで流下	大規模（数百 m 以上）深さ 2 m 以上	数十 m～数百 m	中～大規模
発生の目安	土壌雨量指数が数年に 1 度程度の大きさ	表面流出流がある中で，50 mm/h 程度以上の雨で発生	土壌雨量指数が数十年に 1 度程度の大きさで発生することが多い	深層崩壊，土石流に伴い発生	長期間の降雨，融雪による地下水位の上昇
特徴	風化花崗岩，火山堆積物等の地質では多発の傾向．植生により，小規模崩壊は減少	数 km 流下することで，表層崩壊等の災害が拡大する	発生地域に地質等の偏り（四万十帯等）植生の影響はない		土砂はゆっくりと移動
情報との関連	土壌雨量指数の対象			土砂災害緊急情報の対象	
過去の事例	2013 年台風第 26 号（伊豆大島），「平成 24 年 7 月九州北部豪雨」（2012 年）（阿蘇），2014 年 8 月（広島）		2011 年台風第 12 号（紀伊半島）		
マップ	急傾斜地崩壊危険箇所，急傾斜地崩壊危険区域	土石流危険渓流，土石流危険区域	深層崩壊推定頻度マップ	発生のたびに調査を実施	

層崩壊に分けられる．発生件数でみると，斜面崩壊の大部分は表層崩壊である．

表層崩壊は，崩れ落ちる土塊が風化した土層である場合が多く，地質に対する関連性は比較的少ない．また，表層崩壊では，深層崩壊と異なり，森林の木の根が崩壊を抑制する働きをもつ．

深層崩壊で崩れ落ちる土塊・岩塊は，特定の地質や地質構造のことが多く，特に四万十帯などの付加体（海洋プレートが沈み込むときに，その上の堆積物等が海溝付近で大陸の縁に付加してできた複雑な地層）での崩壊発生頻度が高い（2.2.3 参照）．1889 年，2011 年の台風による奈良県，和歌山県の崩壊はその典型で，崩壊の量はそれぞれ 2 億 m^3，1 億 m^3 以上と，山が崩れるといった表現が適切である．いずれも天然ダム（土砂ダム）を形成し，河道を閉塞させている．

土石流は，表層崩壊，深層崩壊等により移動を開始した土砂，あるいは山腹，川底に堆積していた石や土砂が，集中豪雨や長雨等による水や流木と一体となって高速で沢や谷や渓流を流下するもので，大きな破壊力をもつ．表層崩壊は深層崩壊と比較すると土砂の量が少ないが，土石流となって流下することにより被害は格段に大きくなる．実際，過去の顕著な表層崩壊，例えば広島の崩壊（1999 年, 2014 年），火山灰に覆われた地域の阿蘇（2012 年），伊豆大島（2013 年）の崩壊では，土石流により崩壊土砂が集落まで流下し，多くの犠牲者が出ている．

土壌雨量指数が対象としている土砂災害は，原則として表層崩壊および土石流である．土砂災害警戒情報も，指標として土壌雨量指数を使用しており，その災害の対象は同じである．表層崩壊については，これまでの説明のとおりタンクモデルが有効であるが，土石流についても，その有効性が調査されている．土石流と山・がけ崩れに関する調査（瀬尾・船崎，1973）では，山・がけ崩れが発生する閾値はいずれの場合も土石流より小さくなっている．また，1967 年広島県呉市で発生した土砂災害に対し，タンクモデルの総貯留量を山・がけ崩れの指標とした調査（道上，1982）では，第 1 タンクの貯留量を土石流の指標として採用した．厳密には，土石流と山・がけ崩れとでは，発生のメカニズムが異なるが，ほとんどの場合，土石流は気象庁が発表する警報・注意報により対応できることになる．

深層崩壊は，土壌雨量指数の対象になっていない．ただ，大雨により多数の斜面崩壊が発生した後に深層崩壊が発生することが少なくない．2011 年の紀伊半島の大規模な土砂災害は，記録的な大雨がやんで約 1 日後までにほとんどが発生している．このため，深層崩壊では，降雨終了後数日間は斜面や地下水の変化等の監視により対応することが望ましい．

土砂災害でできた天然ダムによる湛水も災害の規模をさらに大きくするが，これは，土砂災害警戒情報あるいは大雨警報・注意報が対象とする土砂災害には入らない．ただし，現地の緊急調査を実施した上で，まとまった降雨が予想され，天然ダムの崩壊等の災害のおそれがある場合，国の砂防部局から「土砂災害緊急情報」等が発表される．

地滑りは，一般に，大雨が直接のひきがねとなってただちに発生することが少ないため，土壌雨量指数の対象にはなっていない．その移動土塊・岩塊の動きは継続的であり移動速度は小さいため，防災対策も特別であることが多い．

4.9.2 タンクモデルの貯留高と土砂災害との関係

タンクモデルは，土壌雨量指数の実用化以前より，斜面崩壊の危険度を知る方法として調査されており，兵庫県六甲山系での山崩れ・がけ崩れの検証（鈴木他，1979），1967年の広島県呉市など斜面崩壊の予測手法（道上，1982），1983年7月の山陰地方の大雨によって浜田市付近で発生した崩壊（柴田他，1984）等に適用され，その有効性が述べられている．

土壌雨量指数では道上（1982）および柴田他（1984）で使われたタンクモデルをそのまま使用している．これは，Ishihara and Kobatake（1979）が，花崗岩地帯（淀川水系木津川流域）を対象に18 km^{2}程度の流域における流出計算に用いた直列3段タンクモデルである．道上によると，1段目のタンクは洪水の表面流出，2段目のタンクは表層浸透流出，3段目のタンクは地下水流出に対応するとしている．

タンクモデルでは，先行降雨の崩壊への影響は第2，第3タンクの貯留量の違いに反映される．実際，第3タンクの貯留量は1時間100 mmの降水終了後，2 mm以下まで減水するのに14日程度を要する（図4.19）．

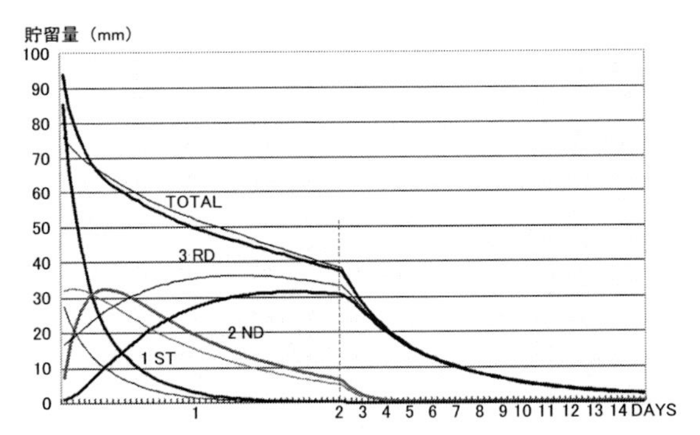

図4.19 最初に1時間100 mmを与えた場合のタンク貯留量の推移
土壌雨量指数に使われているタンクモデルの総貯留高と1，2，3段ごとの貯留高を示す（それぞれTOTAL，1 ST，2 ND，3 RD）．太線は最初の1時間で100 mmの降水があった場合，細線は最初の1時間までに5 mm/hの降水が20時間あった場合である．

4.9.3 タンクモデルの精度

牧原・平沢（1993）は，四国地方等の1983～1990年のアメダス雨量を入力にしたタンクモデル（以下，タンクモデルの貯留高を単にタンクモデルと略す）とアメダス地点に対応する地域の土砂災害報告を使用して，積算雨量，実効雨量，タンクモデルの精度を統計的に比較し，タンクモデルの適中率が最も高いことを示した．図4.20は，その調査の一例で，香川県を対象としている．積算雨量，半減期24時間の実効雨量，タンクモデルそれぞれについて，土砂災害の捕捉率を横軸とした場合の適中率を比較している．その結果タンクモデルが最も精度が高く，以下，実効雨量，24時間雨量，3時間雨量の順となった．この関係は四国4県のいずれも同じだった．

タンクモデルは斜面の土中水分を推定するものであるから，土中水分そのものの推定精度は，その地質に適合するパラメータを使用したほうが高くなる．では土砂災害の危険度との関係はどうだろうか．気象庁予報部予報課の調査（1992，部内資料）では，捕捉率80%における適中率を全国的に検証している．地質を考慮した場合の方が全般には精度が高いが，地質を一様とした場合との精度の差は数ポイントである（図4.21）．牧原・平沢（1993）も同様の結果を得ている．

メッシュごとに地質を変えると，雨量が同じでも指数は異なる．また基準値も地質の違いでメッシュごとにかなり異なることから，メッシュごとに異なる

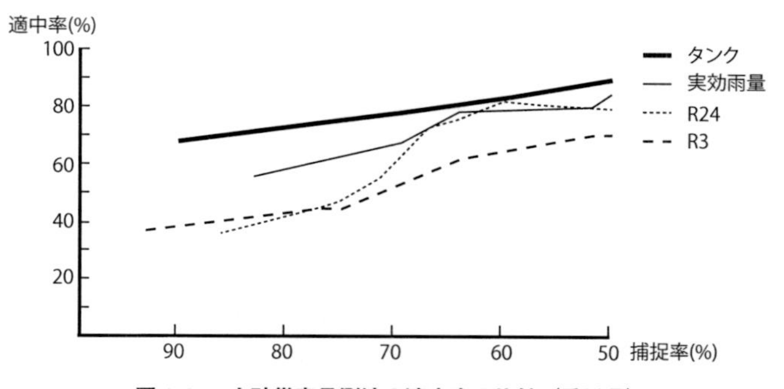

図4.20 土砂災害予測法の適中率の比較（香川県）

横軸は崩壊事例の捕捉率で，1983年1月～1990年10月の全崩壊の何%を捕捉しているかを表す．太線，細線，点線，一点鎖線は，それぞれタンクモデル法，実効雨量法，24時間雨量法，3時間雨量法を示す．

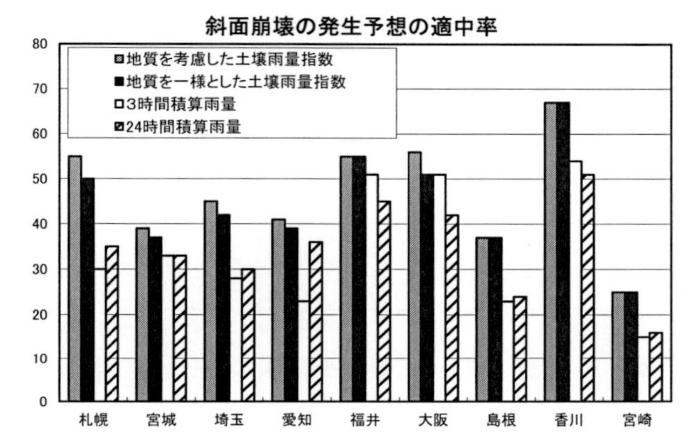

図 4.21　地質を考慮した土壌雨量指数の適中率
適中率 80% として，9 道府県を対象に地質を考慮した場合と地質を一定とした場合の適中率を示す.

地質に対応させると，平面分布で数値を表示し危険度の高低を概観するのは困難である，などのデメリットがある.

4.9.4　土壌雨量指数の免疫性と履歴順位

斜面災害に関しては，一般的に「一度崩壊したがけでは基岩が現れ，崩れる表層土が残っていないため，再び崩壊することはない」と認識されており，「崩壊に対する免疫性」として理解されている．実際にはがけ周辺で二次崩壊が発生することもあるが，全般的には発生率はかなり小さい．同一のがけが再び崩壊するには，早い地質でも 30 年程度，通常 100 年以上かかるといわれている（塚本，1986；下川他，1989）.

アメダスの空間分解能である平均 17 km^2 程度の領域における免疫性の実態について図 4.22 により見てみよう（牧原・平沢，1993）．横軸はアメダス雨量で算出した土壌雨量指数，縦軸は適中率を平均したものである．そのうち，ORG は 8 年間のひと雨の事例すべてを対象としたもの，−00 は過去 1 年間で指数が最大の事例のみを対象とした適中率，+20，+40 は，適中率の対象となった事例よりそれぞれ 20, 40 以上指数が大きい大雨が過去 1 年間以内にあった場合を対象とした適中率である.

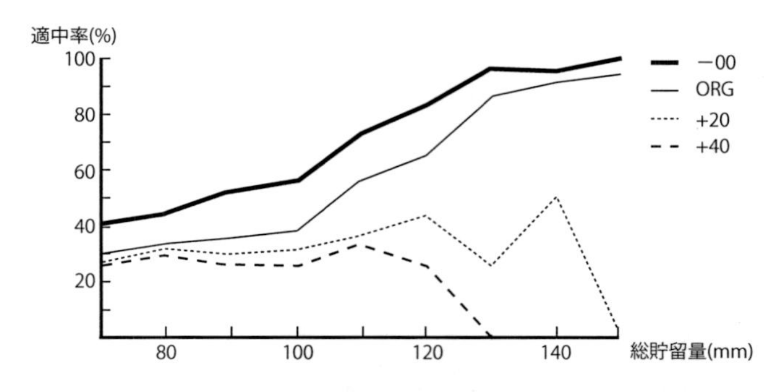

図 4.22 過去に発生した大雨事例が適中率に与える影響（香川県）

図中−00 mm は，過去 1 年間で最も総貯留量が大きかった事例のみの適中率，＋20 mm，＋40 mm はそれぞれ過去 1 年間に総貯留量が 20 mm 以上，40 mm 以上大きい大雨があった事例を対象とした適中率，また，過去の状態と無関係にすべてを対象とした場合を ORG で示す．この期間で「免疫性」が顕著に現われていることがわかる．総貯留量 120 mm 以上で特に顕著である．

この図から，指数 120 以上においては，過去 1 年にそれより指数の大きい大雨があった場合，土砂災害が減るとともに，指数が大きくなっても災害発生事例がほとんど増加していないことがわかる．四国の他の県についても同様の傾向がみられる．

このことから，領域内の斜面崩壊に対する免疫性は以下のようにいうことができる：「一度大雨によって崩壊が発生した領域では，それよりも弱い雨では，大雨の後すぐに崩壊することは非常に少ない」．ただ，大雨のあと数年を経ると，残ったがけが次第に風化して，耐えられる大雨の強さが低下していくため，再び崩壊を起こすようになる．つまり，領域内の斜面崩壊の理解には，免疫性と風化の速度，それに大雨の再起期間がキーワードになる．

このような崩壊の特徴により，土砂災害が必ずしも多雨地域で多いわけではないことが理解できる．例えば，牧原・平沢（1993）によると，災害捕捉率 50% となる指数値は雨の多い徳島では約 150，一方香川では約 110 であり，香川県のほうが少ない雨で全体の半分の崩壊があったことを示している．香川県は花崗岩地質であり，風化の速度が大きいことからもそのことが理解できる．また，大雨がいつも降るところ，例えば奈良県大台ヶ原でいつも崩壊があるわけではないことからも，「雨量の絶対値が大きいことがすなわち崩壊というわ

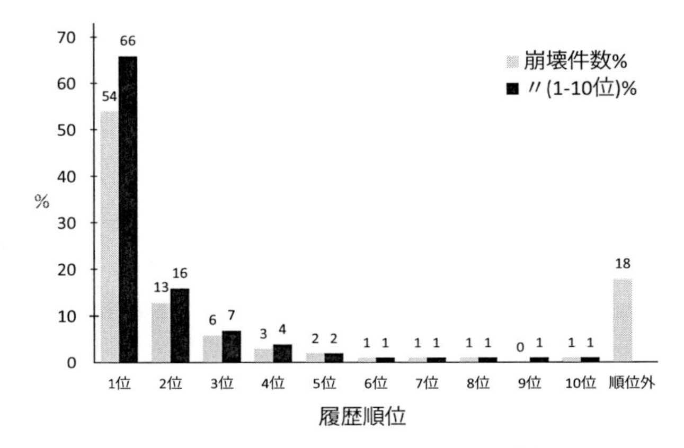

図 4.23　土壌雨量指数の履歴順位と崩壊件数

対象は1991～1998年の全国の土砂災害54399件（晴天持続時に確認された崩壊を含む）.

けではない」ことは容易に理解できよう.

ここで，特定の期間における土壌雨量指数の大きさの順位を「履歴順位」とよぶことにする．気象庁で行った調査によると，図4.23が示すように，1991～1998年の間に発生した約5万件の全国の土砂災害の発生件数のうち，履歴1位，すなわち，この期間で最も土壌雨量指数が大きかった市町村では，全体の土砂災害の6割が発生している．履歴8位，すなわち，毎年1回程度記録する土壌雨量指数値のときに発生する土砂災害と比較しても，履歴1位ではその約60倍の土砂災害が発生しており，土砂災害発生の危険性が非常に高まっていることが理解できる.

現在は，履歴順位そのものを情報等で見ることはないが，特別警報には，土壌雨量指数の再起期間が50年以上となるメッシュが，基準の1つとして使われている.

4.9.5 土砂災害警戒情報と土砂災害警戒判定メッシュ情報

土砂災害警戒情報は，大雨による土砂災害のおそれが高まったときに，市町村長が避難勧告等を発令する際の判断や住民の自主避難の参考となるよう，都道府県と気象庁が共同で発表する防災情報であり，2005年9月1日に，鹿児島県から運用を開始し，その後全国に広がった．

土砂災害警戒情報発表の指標には，60分間積算雨量，土壌雨量指数の2指標からなる平面の上の土砂災害発生危険基準線（critical line）が使われており，雨量予測値が土砂災害発生に至るとされるCLを超えるときに発表される．CLは，過去に土砂災害が発生しなかったときの降雨を用いて設定した「土砂災害の危険性が低いと想定される降雨」の発現する確率の高い領域と，過去の土砂災害の発生状況等に基づく「土砂災害の危険性が相対的に高いと想定される降雨」の発現する確率の高い領域の境界として設定する．この方法は国土交通省河川局砂防部と気象庁予報部が連携して検討を進め，運用に至ったもので「連携案方式」とよんでいる（都道府県の一部では都道府県砂防部局の土砂災害警戒避難基準雨量（短時間雨量と，実効雨量等の長期間雨量の2つを組み合わせた基準雨量）と，地方気象台等の土壌雨量指数の2つの指標をAND条件またはOR条件で運用する方式も使われている）．

降雨事例は離散データなので，発生確率が同じになるようになめらかに曲線を引いてCLを決定することになる（図4.24(a)）．この曲線の設定にあたっては，階層型ニューラルネットワークの1つであるRBFN（radial basis

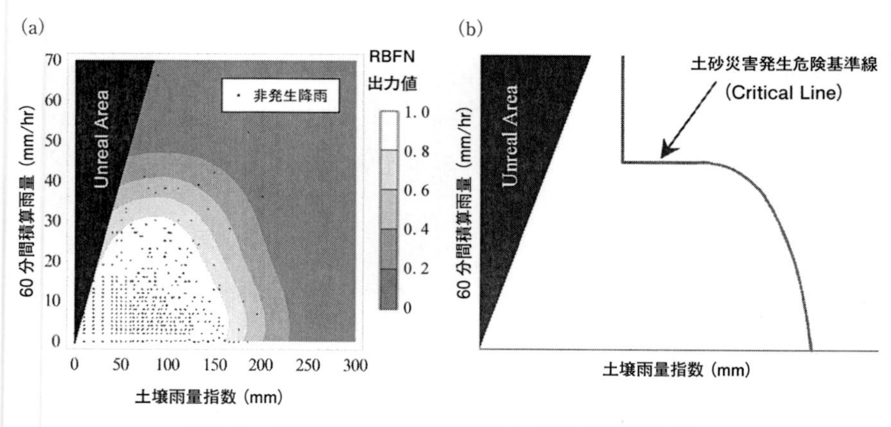

図4.24 土砂災害警戒情報作成に使われるRBFN曲線とCL

(a)は土壌雨量指数と60分雨量の出現データをもとにした，Radial Basis Function Networkによる等出現確率曲線を表す．(b)はRBFN曲線の中から選び出された曲線に基づく土砂災害発生のCritical Line（CL）．左端の直線は土壌雨量指数による崩壊最低値を使って曲線を修正したもの．ここでは（a）とは異なる地点を対象にしており，RBFN曲線が異なっている．

function network）を用いる（倉本他，2001）．

基準設定にあたっては，過去の60分間積算雨量，土壌雨量指数および土砂災害資料を収集し，災害の捕捉率や情報の発表頻度，過去の甚大な土砂災害の捕捉状況等を確認するなどして修正を加える．また，土壌雨量指数（横軸）が低い範囲では，夕立等により空振りが頻発する可能性があることから，これを回避するために土壌雨量指数に下限値を設けることができ（図4.24(b)の，CLが垂直になる部分が該当する），最終的に図4.24(b)のような形状を標準とする基準線を設定する．

このCLは5kmメッシュごとにそれぞれ異なる基準で設定されているため，図4.24のような表示画面で見ると，特定のメッシュでCLにどれだけ近づいているか，CLを超えているかを監視することはできるが，どのメッシュでCLを超えているかを平面分布で一度に監視することは難しい．また，土砂災害警戒情報では発表時の市町村単位の平面分布がわかるだけである．これらの最新状況を即座に詳細に把握できるように，気象庁ウェブページでは「土砂災害警戒判定メッシュ情報」を提供している．この情報は，CLに達したメッシュ，CLに達すると予想されるメッシュ（2時間先までの予想値），大雨警報（土砂災害）に相当するメッシュ，大雨注意報，平時，の5段階で土砂災害の危険度を分類し，10分ごとに更新している．避難をはじめ，土砂災害に関する防災活動を支援する情報として最優先で活用すべき情報である．

4.10 流域雨量指数

洪水警報は，大雨による洪水の規模を推定して，重大な災害のおそれを伝えること，洪水注意報は災害のおそれを伝えることを目的としており，従来それらの基準は警報・注意報の対象域内の1，3，24時間降水量であった．流域雨量指数はその精度を向上させるために考案された（田中他，2008；牧原・太田，2006）．

雨が地表面から河川へ流出し，河川内で流下する過程については，従来からシミュレーションが行われている．前者を「流出」，後者を「流下」とよぶ．これらの水の移動に大きな影響を与える地形，地質，土地利用形態，河道の状

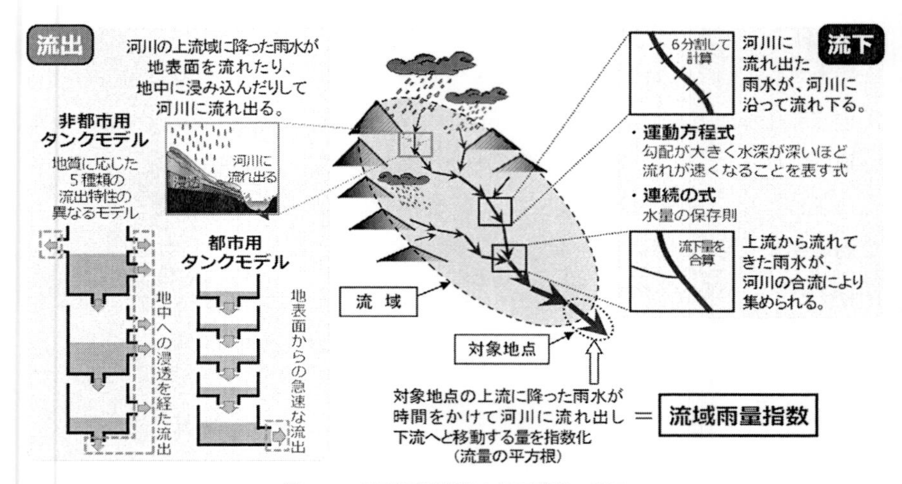

図 4.25　流域雨量指数の処理過程の概要

況は国土数値情報の三次メッシュ（緯度 30 秒，経度 45 秒の約 1 km のメッシュ）で知ることができる．これらの情報をメッシュごとにパラメータ化し解析雨量と組み合わせることにより，降雨から河川を流れる水の状況を推定できる．これが流域雨量指数の基本となる，いわゆる分布常数型（流出のパラメータを，対象流域に広く分布させて設定する方式）の洪水予測モデルである（図 4.25）．

流域雨量指数は，ダム等による河川の水の制御を受けない場合の，河川の流量の平方根として算出されている．地表面から河川までの雨水の流出には都市域用のタンクモデルと非都市域用のタンクモデルを使用している．また，国土数値情報に登録されている全国約 20,000 河川の 1 km メッシュごとの区間の水の流下にはマニングの式を使用している．流域雨量指数は 10 分ごとに配信されており，気象庁ウェブページでは，警報・注意報の基準に対応した危険度分布として監視することができる．流域雨量指数の導入により，洪水警報・注意報の空振りの回数は大きく減少し，精度も向上している．

a.　流域雨量指数の開発の契機

大雨による水害を対象とした警報・注意報の種類には「大雨」と「洪水」の 2 種類がある．ただ，土砂災害を除くと，両者の対象となる被害は，ともに家屋等の浸水あるいは損壊，田畑の冠水等である．典型的な災害では両者を区別できるものの，被害の観点からは洪水によるのか大雨によるのか区分けすることが困難な場合が少なくない．このような事情もあり，浸水に関する大雨警報の基準と洪水警報の基準には降水量の同じ数値が使われていた．つまり，大雨警報と洪水警報は同時に発表され，「大雨・洪水警報」などと１セットの警報として運用されていた．

その後，アメダスの展開による雨量計の大幅な増加や気象レーダーの展開に伴い，都市部での局地的な大雨による浸水被害に対する空振りを避けるため，警報の発表対象範囲は狭まった．その結果，河川の上流域の降水の状況が考慮されなくなり，洪水警報の精度の低下がより明確になってきた．

このままでは，解析雨量による詳細な降水量の情報が警報に十分に活かされず，大雨や洪水警報の精度向上も多くは期待できない．これらの背景の中で開発されたのが流域雨量指数および表面雨量指数である．

b.　発想の転換

洪水の予測で最初に思いつくのは，河川の水位予測である．水位については観測データがあり，観測データに基づく水位の予測技術についても多くの科学的アプローチがあることから，洪水警報・注意報の基準として適応できる可能性はある．ただ，水位の観測データがすべての河川にきめ細かくあるわけでなく，過去のデータがすべて保存されているわけでもない．また，河川改修が行われると，同じ流量でも水位は変わってしまい，過去のデータに基づく予測が困難となる場合もある．その一方で，気象庁は，日本全国にある河川をあまねく対象として洪水災害を予測する必要がある．

これらのことから，大雨による洪水，浸水の予測について，従来とは異なる発想で対処する必要があった．ポイントは次の３つである．

①　水害をもたらす現象に，その発生メカニズムを考慮したアプローチを行い，指標として，地表面あるいは側溝等の流れから発生する内水氾濫および洪水流にほぼ対応する２種類を設定する．この指標には日本のほぼすべての地域で算出することのできるものを使用する．

②　降水量には，面的精度を有する 1991 年からの解析雨量を使用する．

③　①の指標の検証に，水位等の実況値との関係に必ずしもこだわらず，水害との相関が高く，発表回数をできるだけ少なくしながら，水害全体を捕

捉する精度が1，3，24時間降水量より高い指標を採用する．

このようなポイントを満足する指標が，流域雨量指数および表面雨量指数である．

4.10.1 3種類の水害とその予測

水害に対する警報・注意報の改善には，まずその形態から理解することが必要である．水害は被害の発生形態から3種類に分類することができる（例えば高橋，1978）．

1つめは，河川の水位が高くなり，堤防を越える等して堤防から水があふれ出す「外水氾濫」である．「外水」の「外」は，堤防から川側の地域を「堤外地」とよぶところに由来している．堤防が壊れ，そこから水が流れ出す「破堤」は堤防を越えない水位でも発生するが，「外水氾濫」として分類する．

2つめは，堤防に守られた住家などがある地域，いわゆる堤内地に降った短時間強雨等により雨水の排水能力が追いつかず，くぼ地や低地などに水がたまり住家などが浸水する現象「氾濫型内水」（または単に「内水」）である．氾濫型内水は，河川から離れた場所でも発生することが特徴である．

3つめは，大河川の堤防の整備とともに増加している「湛水型の内水氾濫」である．上流に大雨があっても外水氾濫を起こすまで水位は上がらず，対象範囲に大雨は降っているものの氾濫型内水にいたるような雨ではない状況で，氾濫が発生するのである．普段は幹川に合流する支川の水は幹川に流れ込むが，幹川の水位が高くなったため，幹川に水を流すことができずに支川の水が堤防を越えてあふれるために発生する．特に大河川の場合は，水位が高くなると，支川との合流点で水門を閉鎖することがある．通常は合流点付近に排水ポンプが整備されており，雨が強くない場合は排水できるが，極端な大雨に対応できないことがある．また，大河川の水位が計画高水位に達すれば，河川の水があふれて大河川の堤防が破損することのないよう排水ポンプが利用できなくなり，浸水の危険性は一層高くなる．

この3種類の水害を的確に予測するには，それぞれに対応した予測が必要である．現在は，外水氾濫は流域雨量指数が，氾濫型内水氾濫は表面雨量指数が，それぞれ単独で対応し，湛水型内水氾濫は両者の組み合わせで対応している．

4.10.2 処理の手順

a. 流出過程

地表面から河川までの雨水の流出には，1 km メッシュそれぞれにタンクを設定している．非都市域においては，約 4.5 km 四方の流域を対象にした Ishihara and Kobatake（1979）に基づいたタンクモデルを使用している（図 4.25）．このモデルは直列 3 段で構成され，流域の地質の違いに応じて異なるパラメータが設定されており流域雨量指数の算出に際しても該当地域の地質に最も近いパラメータを使用している．また，流域雨量指数では 1 km メッシュそれぞれにタンクを設定しているため，4.5 km 四方の広さにおける流出特性が，Ishihara and Kobatake（1979）のタンクと同じになるように，第 1 と第 2 タンクに孔を 1 つずつ追加し，パラメータを再設定している．都市部においては，表面流出が主体であることを考慮し，マニングの式に従った単位流域外への流出シミュレーションの結果を近似する都市域用の 5 段 1 孔のタンクモデルを作成した（図 4.25）．

b. 都市域と非都市域の流出量の大きな違い

図 4.26 に都市域のタンクモデルで推定した 1 時間 50 mm の大雨後の流出量の時系列を，図 4.27 に非都市域のタンクモデルで推定した同じ大雨後の流

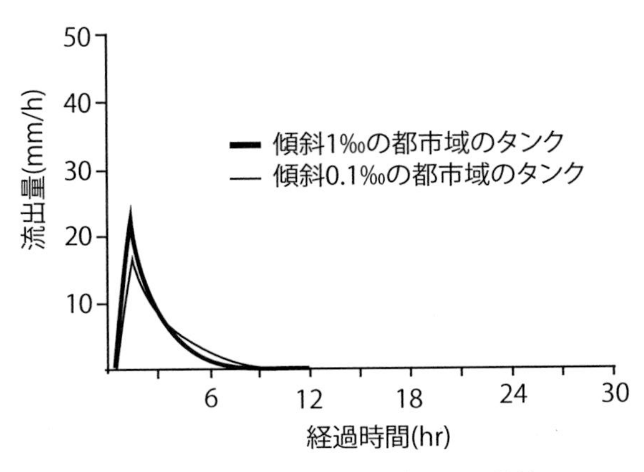

図 4.26 都市域用のタンクモデルの流出特性

1 時間に 50 mm の降水が，傾斜のある矩形を，マニングの式に従って流れるように仮定し，さらにその流出を近似した 1 段タンクモデルの流量を示す．流量は矩形の面積で割り，降水強度に換算している．

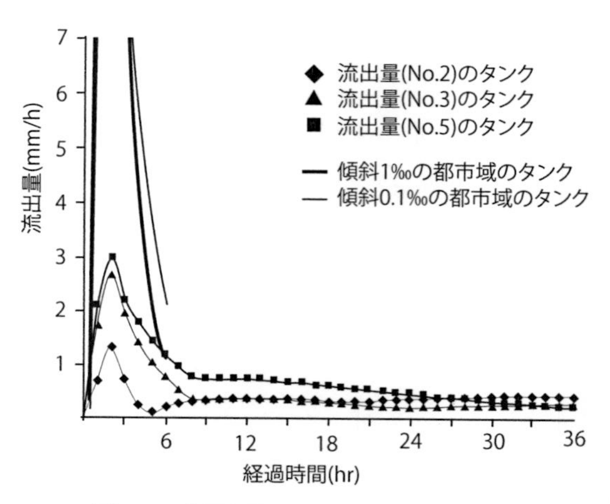

図 4.27 非都市域のタンクモデルの流出特性

タンクの総貯留量が0の状態から1時間に50 mmの降水があった後のタンクの総貯留量と流出量（降水量に換算）. 2, 3, 5はIshihara and Kobatake (1979) の3つの地質に対応している. 番号の小さいほうが浸透率が高い. 比較のため, 図4.26の都市域用のタンクモデルの流出量を合わせて示す.

出量の時系列を示す. いずれも5 kmメッシュ対応（2017年6月までは5 kmメッシュで流域雨量指数を計算していた）のタンクを使用した数値であり, タンクの貯留量の初期値はすべて0にしている. これは, 2週間程度降水のない条件で大雨となった場合に相当する. この図によると, 都市域では, 降雨が終わってすぐに, 最大25 mm/h程度の強さの雨量に5 km四方の面積をかけた分の水量が一気に河川に流入する（174トン/sの流量に相当する. これは長さ25 m, 幅16 m, 深さ1.2 mのプールの水を約3秒で一杯にすることができる量である）. 一方, 非都市域では, 降雨が地中に浸透しにくい地質でも, ピークの流量は3 mm/h相当にしかならず, 8倍程度の違いがある. 降雨のない日が続いた後では, 都市域での雨と非都市域での雨とで, これだけ河川の水量に差があるとともに, 同じ降水量でも都市域がきわめて浸水しやすいということに十分留意する必要がある.

c. 流下過程

河川に入った水の流下に対しては, 流下過程の計算に広く用いられているマニングの式（例えば日本河川協会, 2008）を用いている. この式では, ①傾斜,

②河川を水が流下するときの抵抗を表すマニングの粗度係数，③堤防の断面の形状，④河川の流量，がわかれば，河道内の流速を求めることができる．これにより次の時刻の水の分布が算出されることになる．④は，上流からの流量とその流域の降雨からの流出量の和として求まり，①は，国土数値情報で与えられるので，②と③を設定すれば，すべての河川の流量が算出できる．

②のマニングの粗度係数 n は，土木学会（1989）で，自然河川で水深が深い直線路で 0.025〜0.033，蛇行していて水深が浅い場合に 0.040〜0.055 などが示されていることを参考に，都市域を流れる河川の粗度係数を 0.020 に設定し，それ以外の河川には 0.040 を設定している．

③の堤防の断面の形状は，堤防の高さを河川幅に比例するものとし，堤防係数 m（河川幅/堤防高）として算出している．実際の m は河川ごとにさまざまであるが，日本での平均的な傾向を参考にして，長さが 10 km 未満の小河川では 10，20 km の河川は 20，100 km 以上は 40 とし，その間は比例配分することとした．堤防係数を小さく設定すると流速が速くなる．

これらのパラメータの設定は，過去の複数の河川水位の実況と流域雨量指数のピークおよび時間的変化が一致するようにした．洪水警報・注意報の基準として流域雨量指数の運用を開始したときの 5 km メッシュの指数のパラメータは「平成 10 年 8 月末豪雨」（1998 年）における那珂川，阿武隈川，1998 年 7 月 30 日の鶴見川洪水時の亀の子橋の，それぞれのハイドログラフと比較して，非都市域，都市域に適合できるように設定した．その後，1 km メッシュへの改良の際に，ここに示した値に再設定している．

4.10.3 流域雨量指数の解析値と水位データ

以下に，流域雨量指数のパラメータ設定に利用していない「独立事例」における流域雨量指数と水位との比較・検証結果を示す．

図 4.28 は，2004 年に台風第 23 号が通過した際の，兵庫県を流れる円山川の支流出石（いずし）川における流域雨量指数・河川水位・降水量の時系列である．流域雨量指数と水位は上昇・下降の時間的変化傾向がよく似ており，流域雨量指数と水位のピーク時刻はわずかな誤差で一致している．

図 4.29 は，2000 年東海地方の大雨時における名古屋市内を流れる天白（てんぱく）川の

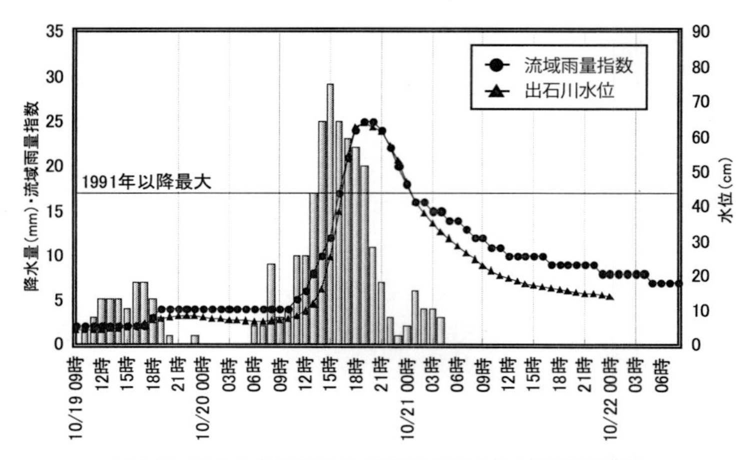

図 4.28　2004 年台風第 23 号上陸時の河川水位と流域雨量指数

出石川（弘原付近）における流域雨量指数・河川水位・降水量の時系列．流域雨量指数は●線，水位は▲線で，水位観測所に最も近いアメダスの降水量（mm）を棒グラフで示す．

左軸は流域雨量指数および 1 時間降水量，右軸は水位を表す．流域雨量指数と水位のピークの高さが合うように左右の軸のスケールを調整している．

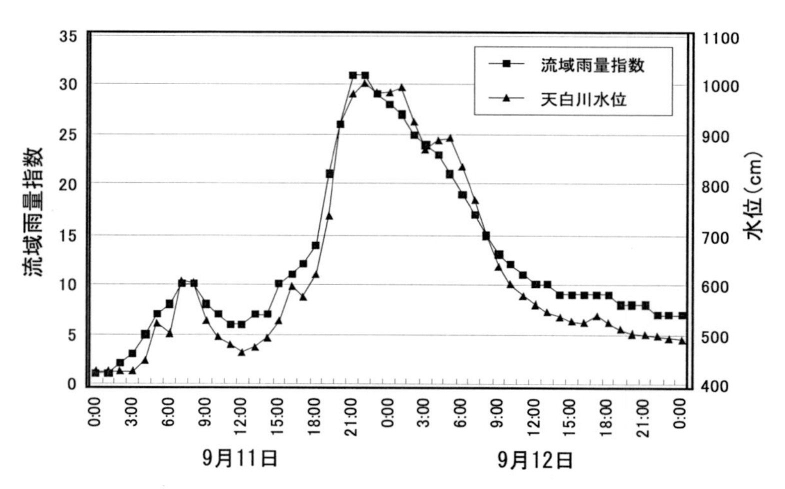

図 4.29　2000 年東海地方の豪雨における天白川の水位と流域雨量指数

時系列である．都市域を流れる河川では，降雨が急速に流出するため流出特性が山間部を流れる河川とは大きく異なるが，都市化率の高い天白川においても水位と高い相関が得られている（田中他，2008）．

なお，流量は水位と単調増加関係にあるが，流量から水位への変換は線形でなく河川の断面の形状により決まる．また，水位を流量の二次関数で近似できる河川もあるが，一般的には，水位と流量の平方根（流域雨量指数の数値と同等）を，一次関数による変換で一致させることはできない．図 4.28，4.29 中の水位の低い時間帯で，流域雨量指数のほうが水位より曲線の位置が高いのはそのためである．水位と一致しないことが気になるようであれば，水位と流量の変換曲線を用いれば，水位の低い場合でも，よく一致するようになると思われる．

水位観測所のない地点では，指数値と水位等の対応を具体的に評価することはできないが，流域雨量指数は，いわゆる「分布定数型の流出モデル」であり，個々の河川の水位観測に合致するようにパラメータを個別に設定するのではなく，個々のメッシュごとに地質や都市化率等の素因に従ったパラメータを設定している．したがって，水位観測の有無によって精度に差が出ることはない．つまり，たまたま，ある水位観測所において精度がわかれば，同様の素因（地質や都市化率）をもつ水位観測のない地点でも同等の精度を有すると考えて差し支えないであろう．

4.10.4 流域雨量指数の予想値の精度とリードタイム

降水短時間予報を利用した流域雨量指数の予想例を図 4.30 に示す．これは，

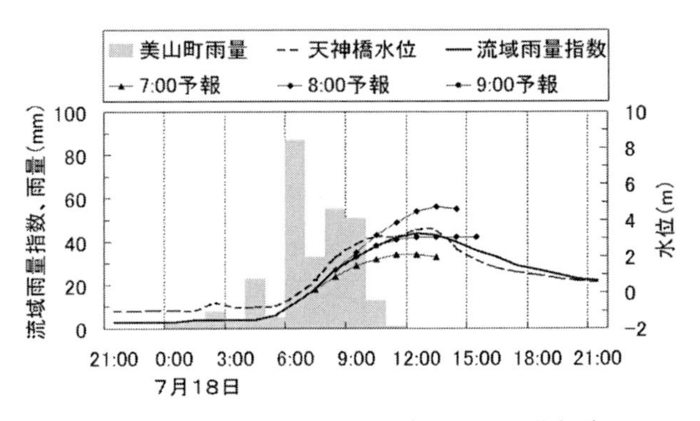

図 4.30　流域雨量指数の予測例（平成 16 年福井豪雨）

「平成 16 年福井豪雨」（2004 年）における福井県足羽川の天神橋（福井市美山町）の水位・雨量と流域雨量指数の時系列．流域雨量指数と水位のピークの高さが合うように左右の軸のスケールを調整している．

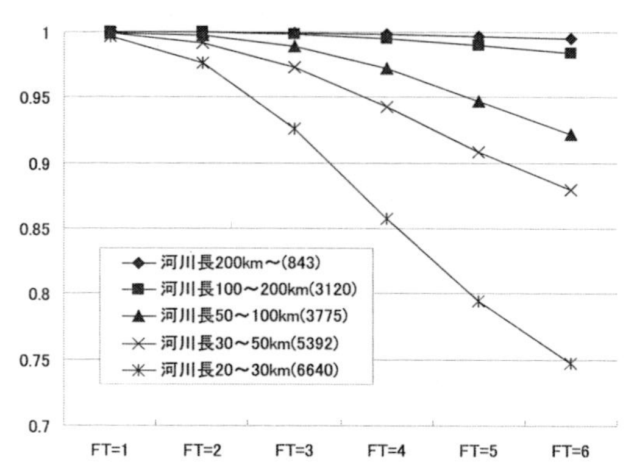

図 4.31　流域雨量指数の予測資料の精度評価

2006 年 7～9 月までに，全国で 1991 年以降の履歴順位が 6 位以上となった河川・格子を抽出し，河川の長さごとに流域雨量指数の解析値（実況値）との相関係数を求めたもの．凡例中の（　）中の数値は資料数を示す．

「平成 16 年 7 月福井豪雨」(2004 年) の際の福井市を流れる足羽(あすわ)川の例である．7 月 18 日 8 時の降水短時間予報が入手できる時点で，流域雨量指数が急激に上昇し，1991 年からのこの地点における流域雨量指数の最大値を超えると予想されている（気象庁，2006）．したがって，この時点で，最近経験していないような洪水に関する警戒をよびかけることが可能である．

降水予測を用いた流域雨量指数の精度は，流域面積に依存する．図 4.31 は，河川の長さ（上流端からの距離）ごと，流域雨量指数の予想時間ごとに，流域雨量指数の解析値と予想値との相関関係を求めたものである．この図から，河川の長さが長い（流域が広い）ほど，精度が高いことがわかる（横田，2007）．

この理由は，①流域が大きいほど上流降雨が対象地点に流下するまでに時間がかかるため，入力雨量の寄与として過去の実況にかかる比重が大きくなること，②流域が大きく対象格子が多数あることから個別の格子における雨量予想の時間の誤差や位置ずれによる誤差が打ち消される傾向が強くなること，である．このような効果により，降水予測を用いた流域雨量指数は，降水予測そのものより，相対的に精度が高い．

小さい流域面積における流域雨量指数の予測資料の精度は，入力となる降水短時間予報の精度に大きく依存する．降水短時間予報の精度は，一般に，予報期間前半（1〜3時間先の予報）は高いが，後半は急速に低下する（永田・辻村，2007）．長さ20〜30 kmの河川における流域雨量指数の予測は，これと同様の精度を示す傾向にある．それでも2時間先までの予測値と解析値との相関係数は0.97程度あり，流域雨量指数が，小さい河川でも平均的には2時間先まで十分な精度があることがわかる．

4.11 表面雨量指数

表面雨量指数は，内水氾濫による浸水（以降，内水浸水と略す）害に，1時間雨量あるいは3時間雨量より高い精度で対応する指標として開発された．大雨警報・注意報への適用を前提とした，内水浸水の指標としての要件は，①道路・下水道網などの排水施設に関する詳細な入力情報を用いない手法で，②全国どの地域においても適用でき，③警報・注意報の基準としての実用的な精度を有する，ことである．表面雨量指数は，入力として解析雨量，降水短時間予報，降水ナウキャストを用い，流出モデルとして，流域雨量指数に使用されているタンクモデルを使用しており，精度についても従来の降水量の基準を大きく改善し，これらの要件に合致した指標ということができる．

一般に，「低平地で大雨が降ると内水浸水しやすい」といわれている．また，最近は「都市部における浸水」が顕著である．実際，これまでの分析によると（例えば松下他，2013），降雨の強さ，都市化率（宅地率），勾配等が内水浸水に寄与している．以下では，表面雨量指数がこれらの要因にどのように対応しているかを見てみよう．

図4.32は1999〜2007年に東京都で発生した浸水の発生分布である．これを地形と重ねると，浸水が多く発生している地域は，23区から多摩東部に広がっており，都市部の低平地であることが推察される．なお，東京都の北東部では，一部で，都市部の平坦地だが浸水害が報告されていない地域がある．これは，河口が近い上に，荒川などの大河川に大規模な排水施設が整っているためと考えられる（河口が近い大河川に排水しても，河川の水位はほとんど上昇しない．それ以外の河川では，河川の水位があふれない範囲でしか排水ができないため，浸水害への対策が容易でない）．

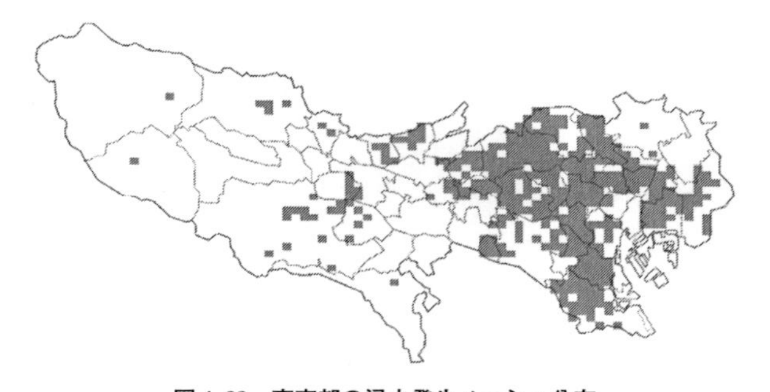

図 4.32 東京都の浸水発生メッシュ分布
1999〜2007 年に東京都で発生した，水害区域面積が 0.1 hPa 以上，
もしくは浸水棟数が 10 棟以上となった浸水事例を重ね合わせた分布．

表面雨量指数は，降水が地表面から河川に向かって流出する量に，勾配に関する係数の補正項を付加したものである（具体的な式は太田・牧原（2015）を参照されたい）．表面雨量指数は，流出量を元にしていることから，降水量が大きいほど，また都市部で都市化の割合が大きいほどピーク値が大きくなり，それが都市部の大雨で浸水しやすいことに対応している．また，勾配が 1‰以上の地域の指数を勾配の大きさに応じて小さくする補正項を付加することで，勾配の小さな地域での浸水のしやすさを表している．なお，勾配による補正前または勾配 1‰以下の地域の表面雨量指数は 1 km メッシュの最下流の流出量（m^3/s）として算出していることから，表面雨量指数の数値に係数 3.6 をかけることで，河川に流出する降水の強度（mm/h）に換算することができる．

表面雨量指数は，定義式を変形すると側溝を流れる水の深さの三乗とその流速をかけ合わせた式とみなすことができる．これは，側溝の水の深さが深いほど，また流速が速いほど，表面雨量指数が大きくなることを表している．浸水は側溝から水があふれ，家屋，アンダーパス等に水が溜まることで発生することから，水深が深くあふれた場合の水の流速が速いほど浸水しやすいという定性的な浸水の特徴に整合することがわかる．

4.11.1 浸水害に適合する下流平均勾配

表面雨量指数では，1 km メッシュ内の地形のうちで，水が流れ込みやすい場所を選び出し，その場所における表面雨量指数を，1 km メッシュの代表値

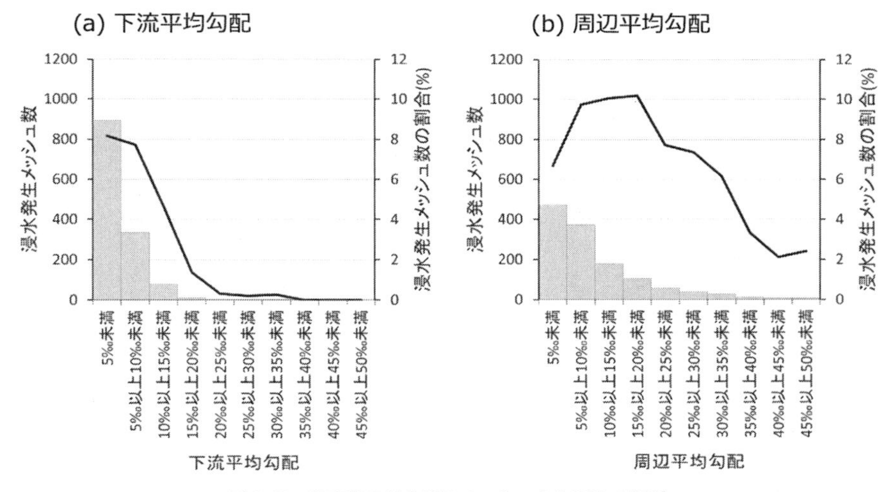

図 4.33 東京都の浸水発生メッシュと勾配との関係

棒グラフは浸水発生メッシュ数，実線は勾配5‰の階級幅ごとのメッシュ総数に対する浸水発生メッシュ数の割合を表す．

としている．つまり，1 km メッシュの中でも危険度が異なることを前提に計算を行っている．

このような浸水害と勾配との関係を表す調査の結果が図 4.33 である．これは図 4.32 で浸水害のあった地域を，傾斜ごとに分類したもので，(a) は 250 m メッシュの下流のみの勾配を平均したもの，(b) は 250 m メッシュのすべての周囲の勾配を平均したものである．例えば，対象となるメッシュが谷川の川底だとすると，(a) の勾配は谷川沿いの傾斜に対応するが，(b) の勾配は谷川の側面のがけの勾配を含む傾斜に対応する．浸水が発生したメッシュ数は，いずれも勾配の小さなメッシュが多く，勾配の大きなメッシュで少ない（棒グラフ）．ただ，各勾配のメッシュの総数は勾配ごとに異なるため，勾配ごとの総メッシュ数の何 % で浸水が発生したかを表す折れ線グラフで見ると，(a) では，最も勾配の小さい 5‰未満に最大があるのに対し，(b) では，5〜20‰の付近で大きくなっている．

したがって，「低平地で浸水が発生しやすい」ことを端的に表すには，(a) が適切ということがわかる．なお，この 2 つの結果からみると，一様に勾配が小さいメッシュよりも，平均的にはある程度の勾配がある中に，勾配が小さい部分がありそこを水が流下するようなメッシュで浸水が発生しやすいということが推測される.

4.11.2 勾配および都市化率の違いに適応した指数

前項で，勾配と浸水害との関係が明らかになった．ここでは，表面雨量指数が，前項の性質に対応していることを確認しよう．図 4.34 は，表面雨量指数とタンク流出量が，勾配および都市化率の違いでどのように変化するかを表したものである．いずれも下流平均勾配を横軸にして，1 時間 80 mm の降雨を東京都内に面的に降らした場合の数値である．

表面雨量指数，タンク流出量のどちらも都市化率の上昇とともに数値が上がり，都市域で浸水害が多いことと対応している．一方，傾斜については特性がまったく異なる．表面雨量指数では傾斜が小さいほうが指数が高く，流出量はその逆である．つまり，前項の性質を表現するには，タンク流出量，言い換えれば大雨の強さだけでなく，表面雨量指数のような傾斜への対応をする必要が

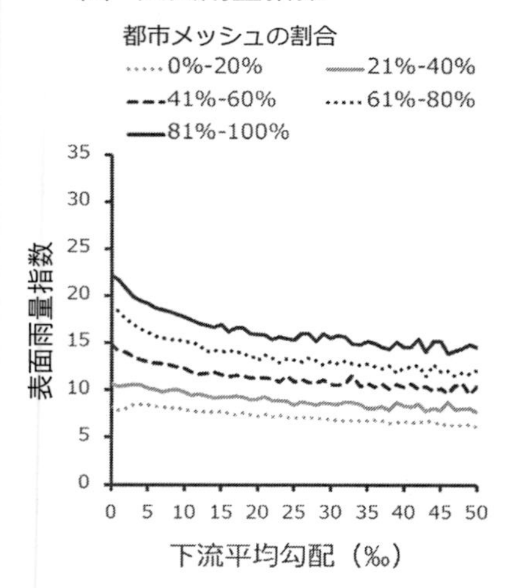

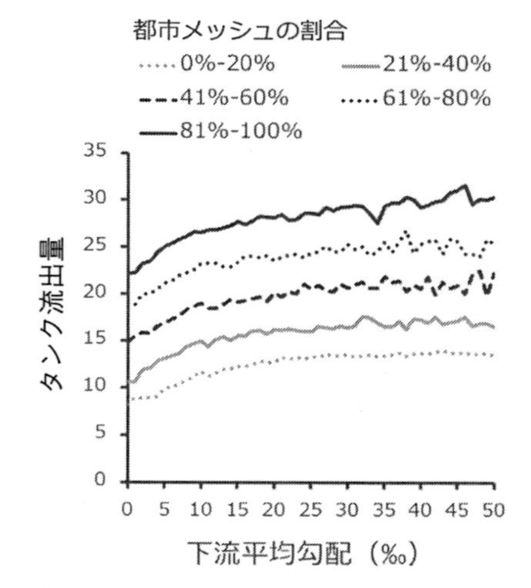

図 4.34 勾配，都市化率と表面雨量指数との関係

1 時間 80 mm の降雨を面的に一様に入力した場合の，(a) 表面雨量指数と (b) タンク流出量．横軸に該当メッシュの下流平均勾配をとり，該当メッシュの集水域の都市メッシュの割合ごとの平均値をグラフで示した．(a) と (b) とでは勾配の増加に対する増減が異なることに注意．

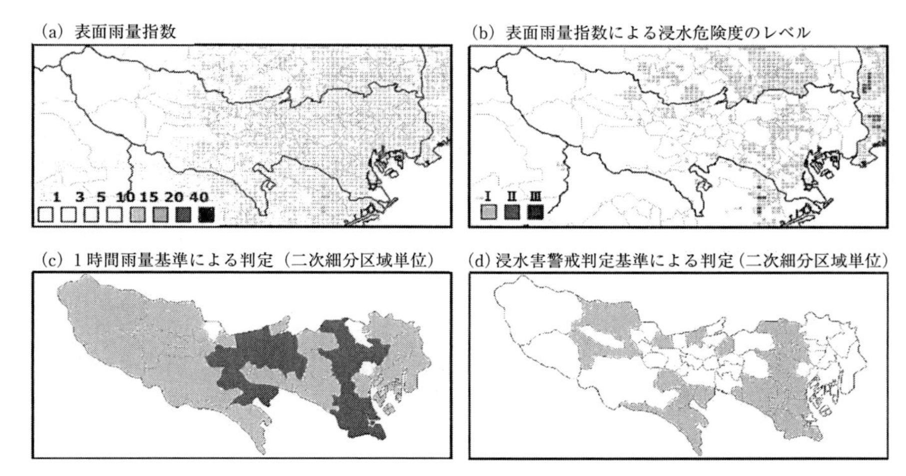

図 4.35　1 時間 50 mm の雨が一様に降ったときの警報・注意報の範囲

(a) は表面雨量指数，(b) は表面雨量指数による浸水危険度のレベル，(c) 1 時間雨量基準による大雨警報（浸水害：黒）・注意報基準による二次細分区域単位の判定，(d) 浸水危険度による二次細分区域単位の判定（最大でも注意報判定）.

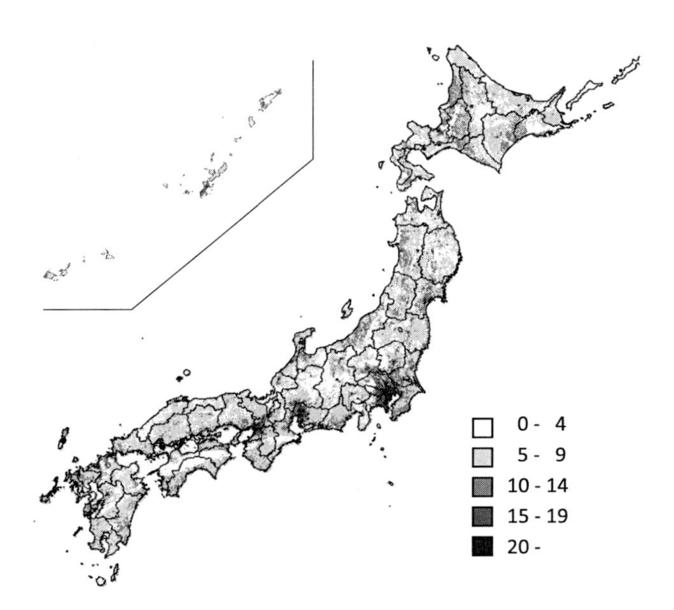

図 4.36　1 時間 80 mm の雨を面的に一様に与えた場合の表面雨量指数

あることが理解できよう.

図 4.35 は，1 時間 50 mm の大雨が降ったときの東京都における警報・注意報の範囲を，従来の基準（1 時間降水量）と表面雨量指数による基準とで比較したものである.（a）は表面雨量指数の分布，（b）は表面雨量指数による浸水危険度のレベル，（c）は従来の基準による警報・注意報の範囲，（d）は表面雨量指数による警報・注意報の範囲である.（a）でわかるように，一様な雨を降らせても，23 区を中心とした，都市部，平野部で指数が高くなっていることがわかる.

図 4.36 は 1 時間 80 mm の雨を全国一様に降らせたときの，表面雨量指数を表したものである．非都市域，傾斜の大きい地域，および浸透係数の大きい地質の地域で数値が小さいことがわかる.

4.11.3 流出量の算出手順

非都市域用タンクモデルおよび都市域用タンクモデルは 1 km メッシュごとに計算するが，実際の流出量は一定範囲の集水域を対象として 250 m メッシュごとに算出する（詳細は太田・牧原，2015 を参照されたい）．集水域は以下のように定義される.

- 対象領域は半径 1 km の円の範囲内で定義する.
- 100 m メッシュ標高を用いて，周辺メッシュの標高差から上流メッシュを特定し，1 km メッシュの集水域を定義する.
- 集水域と定義されたメッシュについて，100 m メッシュ土地利用データから都市メッシュ（建物用地，道路，鉄道）と非都市メッシュ（田，その他農用地，森林，荒地，ゴルフ場，その他用地）のいずれかに分類する.
- 集水域に該当する 250 m メッシュを含む 1 km メッシュについて，集水域の地質と都市化率，周辺平均勾配に従って個々のメッシュで流出量を集水域の面積に従って加算し，流出量 Q を算出する.

なお，ここで使用した周辺平均勾配は流出量を算出するためのもので，表面雨量指数は，この流出量に，「メッシュ内の低平地」を評価するために別途算出した「下流平均勾配」に基づく補正項をかけ合わせて算出する.

4.11.4 表面雨量指数の精度

ここでは，内水浸水に対する表面雨量指数の精度を明らかにするため，東京都の事例データを元に，1時間雨量，3時間雨量，24時間雨量，タンク流出量，表面雨量指数それぞれのROC曲線（receiver operating characteristics）を作成し，その精度を比較する．なお，警報・注意報基準と災害に基づく精度については，第5章に示す．

ROC曲線は，気象分野では米国のトルネード警報（Lindsey *et al.*, 2007）の検証などに適用されている．横軸には，False Alarm Rate（FAR＝空振りの予報回数／現象なしの総回数）を，縦軸にはHit Rate（HR＝あたり予報の回数／現象ありの総回数＝捕捉率）を設定する（図4.37）．

この曲線において完全な予報の場合は，左下隅から左上隅に線が上昇し最後に右上隅に達する．例えば，図4.37のHit Rate 0.9においては，5つの曲線のうち左側にあるものほどFalse Alarm Rateが低く，精度が高いことになる．このことを定量的に表す指標としてROC曲線下（図4.37中の曲線の右下の部分）の面積AUC（area under the curve）がある．AUCが大きいほど精度が高い．完全な予報では，図4.37のROC曲線の下の部分は図の領域全体と

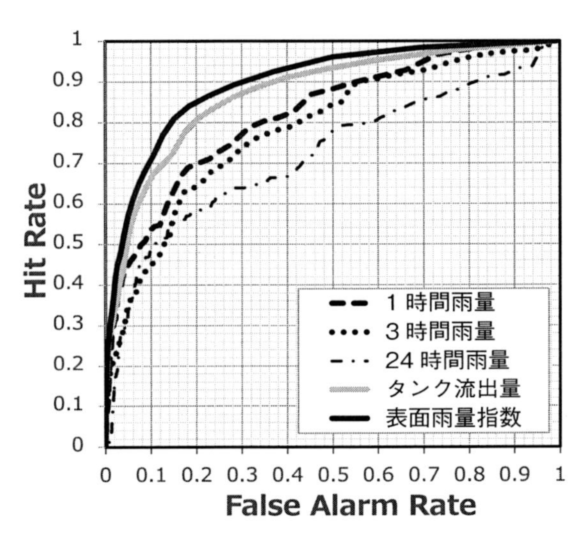

図4.37 東京都の浸水データの予想に対する各指標のROC曲線

なるため AUC＝1.0 となる.

図 4.37 は，図 4.32 の東京都の浸水データに対する各指標の ROC 曲線である．ROC 曲線の左上方への膨らみが大きい方から順に，表面雨量指数（AUC＝0.91．以下同様)，タンク流出量(0.89)，1 時間雨量(0.83)，3 時間雨量(0.79)，24 時間雨量（0.72）となっており，東京都で発生した内水浸水に対する予測指標として，表面雨量指数が最も優れていることがわかる.

特に，1 時間雨量に対するタンク流出量の AUC 増加が顕著であったことから，表面雨量指数にタンクモデルを利用することによる貢献が大きいことがわかる.

文　献

[1] Browning, K. A. and F. F. Hill, 1981：Orographic rain. *Weather*, **35**, 326–329.

[2] 石川忠晴，1989：開水路流．土木学会編，土木工学ハンドブック（第 4 版)，技報堂出版，492–496.

[3] 檜垣将和，2001：高潮数値予測モデルの概要とその運用．気象庁測候時報，**68**，s79–s83.

[4] Ishihara, Y. and S. Kobatake, 1979：Runoff Model for Flood Forecasting. *Bulletin of the Disaster Prevention Research Institute*, Kyoto Univ., **29**, 27–43.

[5] 気象庁予報部予報課，1991：降水短時間予報プロダクト作成におけるデータ処理について．気象庁測候時報，**58**，189–207.

[6] 気象庁予報部予報課，1995：レーダー・アメダス解析雨量の解析手法と精度．気象庁測候時報，**62**，279–339.

[7] 気象庁，2006：平成 16 年（2004 年）梅雨期豪雨と顕著台風の調査報告．気象庁技術報告，129，278 pp.

[8] 気象庁予報部，2012：数値予報の基礎知識と最新の数値予報システム．平成 24 年度数値予報研修テキスト，116 pp.

[9] 気象庁予報部，2014：配信に関する技術情報（気象編）第 389 号．https://www.data.jma.go.jp/add/suishin/jyouhou/pdf/389.pdf (2019.7.31 閲覧)

[10] 熊谷小緒里，2014：降水短時間予報の改善．平成 25 年度予報技術研修テキスト，気象庁予報部，67–71.

[11] 倉本和正，鉄賀博己，東　寛和，荒川雅生，中山弘隆，古川浩平，2001：RBF ネットワークを用いた非線形がけ崩れ発生限界雨量線の設定手法に関する研究．土木学会論文集，672/VI–50，117–132.

[12] Lindsey, R. B., E. C. Gruntfest, M. H. Hayden, D. M. Schultz and C. Benight, 2007：

False Alarms and Close Calls：A Conceptual Model of Warning Accuracy. *Weather and Forecasting*, **22**, 1140–1146.

[13] 牧原康隆，1993：レーダー・アメダス合成図の精度．気象，**434**，4–8.

[14] 牧原康隆，2000：レーダーとアメダスの詳細解析に基づく降水短時間予報実況解析アルゴリズムの改善．気象研究所技術報告，**39**，63–111.

[15] 牧原康隆，2007：気象レーダーを利用した短時間の降水・土砂災害予報と気象業務改善の歩み．天気，**54**，21–33.

[16] 牧原康隆，竹村行雄，浜崎雅憲，高瀬邦夫，1991：降水短時間予報業務化までの歩み．気象庁測候時報，**58**，279–294.

[17] 牧原康隆，平沢正信，1993：斜面崩壊危険度予測におけるタンクモデルの精度．気象庁研究時報，**45**，35–70.

[18] Makihara, Y., N. Uekiyo, A. Tabata, and Y. Abe, 1996：Accuracy of Radar-AMeDAS precipitation. *IEICE Trans. Commun.*, e79-b, 751–762.

[19] 牧原康隆・太田琢磨，2006：流域雨量指数．気象庁技術報告「平成 16 年（2004 年）梅雨期豪雨と顕著台風」，**129**，237–247.

[20] 松下くるみ，三隅良平，前坂　剛，岩波　越，2013：東京都における内水氾濫被害の要因分析．防災科学技術研究所研究報告，**80**，27–46.

[21] 道上正䂓，1982：タンクモデル法集中豪雨の予知と対策．文部省科学研究費自然災害特別研究成果，63–66.

[22] 道上正䂓，檜谷　治，1990：タンクモデルによる崩壊発生時刻の予測ー豪雨による土砂崩壊の予測に関する研究ー．文部省科学研究費重点領域研究「自然災害の予測と防災力」，研究成果，94–96.

[23] 永田和彦，辻村　豊，2007：解析雨量及び降水短時間予報の特性と利用上の注意点．平成 18 年度量的予報研修テキスト，気象庁予報部，9–24.

[24] 名古屋地方気象台，2010：伊勢湾台風の教訓と最新の台風予報技術の活用による減災について．伊勢湾台風 50 周年事業，名古屋地方気象台，90 pp.

[25] 日本河川協会，2008：建設省河川砂防技術基準（案）同解説・調査編改訂新版，技報堂出版，132.

[26] 岡田憲治，牧原康隆，永田和彦，国次雅司，新保明彦，斉藤　清，2001：土壌雨量指数．天気，**48**，349–356.

[27] 太田琢磨，牧原康隆，2015：大雨警報における浸水雨量指数の適用可能性ータンクモデルを用いた内水浸水危険度指標ー．気象庁研究時報，**65**，1–23.

[28] 瀬尾克美，船崎昌継，1973：土砂害（主に土石流的被害）と降雨量について．新砂防，**26**，22–28.

[29] 柴田　徹，清水正喜，八嶋　厚，三村　衛，1984：浜田市の土砂災害の実態と中場崩壊地の土質特性．昭和 58 年 7 月山陰豪雨災害の調査研究，文部省科学研究費自然災害

特別研究突発災害研究成果，38-49.

[30] 下川悦郎，地頭薗隆，高野　茂，1989：しらす台地周辺斜面における崩壊の周期性と発生場の予測．地形，**10**，267-284.

[31] 鈴木雅一，福嶌義宏，武居有恒，小橋澄治，1979：土砂災害発生の危険雨量．新砂防，**31**(3)，1-7.

[32] 立原秀一，2006：土砂災害警戒情報の発表開始について．天気，**53**，43-45.

[33] 高橋　裕，1978：河川水文学，共立出版，218 pp.

[34] 田口幸輝，橋口　清，林原寛典，永井直樹，2016：沖縄地方における簡易水位計を用いた波浪効果による潮位上昇（wavesetup）の調査．気象庁測候時報，**83**，s11-s19.

[35] 瀧下洋一，2009：突風に関する防災気象情報の改善ー竜巻注意情報の発表開始ー．天気，**56**，67-75.

[36] 田中信行，太田琢磨，牧原康隆，2008：流域雨量指数による洪水警報・注意報の改善．気象庁測候時報，**75**，35-69.

[37] 立平良三，佐藤英夫，牧野義久，1976：エコーパターンの短時間予報．気象庁研究時報，**28**，61-70.

[38] 塚本良則，1986：樹木根系の崩壊抑止効果に関する研究．東京農工大学農学部演習林報告，**23**，65-124.

[39] 横田茂樹，2007：流域雨量指数を用いた洪水注意報・警報．平成 19 年度量的予報研修テキスト，気象庁予報部，17-22.

CHAPTER 5
警報・注意報・情報の制度と精度を知る

ここでは，警報・注意報・気象情報にどのような種類があって，それらがどのような災害に対して，どのようなルールに基づいて発表されているかを解説する．また，これらを利用するにあたって重要な精度および災害発生までの猶予時間（発災までのリードタイム）についても概観する．

5.1 警報・注意報・情報とその制度上の位置付け

5.1.1 警報・注意報・情報の制度としての概要

気象庁が発表する「防災気象情報」の中では，警報，特別警報，注意報，情報の4つが制度として位置付けられている（気象庁では「防災気象情報」という名前で，防災に関して気象庁が発表するさまざまな情報を総称してよぶ場合がある．気象に直接関係する，特別警報・警報・注意報・情報の他，地震，火山，海洋等の警報，注意報，情報も含まれることに注意してほしい）．

「警報」は，気象業務法第二条で規定されている．具体的には，「警報とは，『重大な災害』の起こるおそれのある旨を警告して行う『予報』をいう」というものである．また，ここに記されている「予報」についても，同条に「予報とは，観測の成果に基く現象の予想の発表をいう」と規定されている．「重大な災害」についての具体的な規定はないが，例えば大雨警報を例にとると，人命に関わる災害，床上浸水等，個人にとって大きな損害をもたらす災害が主な対象となっている．

気象庁は気象，地象，高潮，波浪および洪水についての警報を発表する義務が課されている（気象業務法第十三条）．航空機，船舶に適合する警報，また水防活動に適合する警報についても同様である（第十四条）．気象庁が具体的

表 5.1 特別警報，警報と注意報の種類（気象関連のみ記載）

	種類
特別警報	大雨，大雪，暴風，暴風雪，波浪，高潮
警報	大雨，洪水，大雪，暴風，暴風雪，波浪，高潮（地面現象警報，浸水警報）
注意報	大雨，洪水，大雪，強風，風雪，波浪，高潮，濃霧，雷，乾燥，なだれ，着氷，着雪，融雪，霜，低温（地面現象注意報，浸水注意報）

に発表している警報は，気象業務法施行令，または気象庁予報警報規程に規定されており，それらは表 5.1 のとおりである（地震，津波，火山に関するもの，航空機や船舶に適合するもの，水防活動に適合するものを除く．以下同様）．このうち，地面現象警報・注意報および浸水警報・注意報については，報道等でこれらの名称を耳にすることはないが，これは大雨警報および注意報に含めて発表することになっているからである（気象庁予報警報規程十二条）．ただ，気象庁では，「大雨警報（土砂災害）」，「大雨警報（浸水）」のような見出しで大雨警報を発表する．この場合はそれぞれ，地面現象，あるいは浸水に関する重大な災害のおそれがあることを警告している．

警報についてもう 1 つの重要なことは，気象庁以外は原則として，気象，高潮，波浪および洪水の警報をしてはならないことである．つまり，国土交通省あるいは都道府県知事と共同で実施している洪水警報など，政令で定める一部の場合を除き，警報は気象庁からのシングルボイスである．

特別警報は 2013 年 8 月に運用が開始された．特別警報は「予想される『現象が特に異常である』ため重大な災害の起こるおそれが著しく大きい場合」にその旨を示して行う警報である（気象業務法第十三条の二）．「現象が特に異常である」ことを現在の基準で具体的にみると，大雨については，現象の激しさとして発生頻度が 50 年に 1 度以下であること，広がりとしてそのような激しさの現象の発生が 250 km^2 以上であること，などが目安となっている．他の特別警報もこれに準ずる基準となっている（基準の詳細は気象庁ウェブページを参照されたい）．

警報・注意報の発表区域は，1772 の市区町村およびそれに準ずる区域となっており（2017 年 11 月 1 日現在），正式には府県予報区の二次細分区域とよばれている．天気予報の発表区域である一次細分区域（2016 年 10 月 10 日現在

143 区域）より面積がかなり小さい．その理由は大きく 2 つある．1 つめは，気象災害が大雨による土砂災害，浸水や洪水によってもたらされることが多く，そのような大雨がしばしば局地的なためである．ある市で大雨により大きな災害が発生していても，隣りの市では雨も降っていないことは珍しいことではない．そのようなときに複数の市町村を対象に警報を発表すると，多くの市町村で住民・自治体のはずれ感が増大する．さらには，このようなことが常態化することで，警報を発表しても，住民や自治体が重大な危機感をもった行動をただちに行うことを躊躇するようになることが懸念される．このようなことを少しでも回避することが第 1 の理由である．そのためにはもちろん，市町村の広さ以下で現象および災害を把握し，予測できることが必要であり，そのことは第 4 章で述べたとおりである．例えば，「洪水警報の危険度分布」は解像度 1 km メッシュで発表されている．2 つめは，災害対策の基本単位が市町村であり，避難勧告・避難指示の権限を市町村長が有するためである．

警報・注意報の発表基準の指標は，気象要素（風速，降雪量，波の高さ，潮位など）および気象要素から算出される指数，例えば土壌雨量指数，流域雨量指数，表面雨量指数，実効湿度等であり，それらが基準に達すると予想した区域に対して警報・注意報が発表されている．また，発表基準値は，警報・注意報が対象とする発表区域内の過去の災害と，それに最も対応が良い指標との関係に基づいて決定される．どの程度の災害の大きさをもって基準にするかは都道府県の了解のうえ，決められている．なお，地震で地盤がゆるんだり，火山灰が積もったりした場合は，災害が発生しやすくなるため，通常より低い基準値で発表されている．

警報・注意報では，解除までの時間，あるいは警報・注意報の有効期間は基本的に明示されていない（海上警報と竜巻注意情報にはその有効期間が明示されており，有効期間を超えても警戒等が必要な場合には，有効期間が終了する時刻に新たに警報や情報が発表される）．ただし，警戒を要する時間帯の目安は警報・注意報の中で示している．なお，現象の起こる時刻，激しさの程度などの予想が警報等の発表当初の目安から大きく変わるときには，「切替」と称して，発表中の警報・注意報を改めて発表し，その内容を更新している．

気象庁が表題に「情報」をつけている，いわゆる「気象情報」は，気象業務法第十一条の観測成果等の発表，に整理されている．ここでは，「気象庁の観測の成果並びに気象，地象及び水象に関する情報を直ちに発表することが公衆の利便を増進すると認めるときは，直ちにこれを発表し，公衆に周知させるように努めなければならない」とされている．

情報には予告的情報と警報・注意報を補完する情報の 2 種類があることに注意する必要がある．予告的情報は，警報・注意報の発表に先立って発表され，それ自身に警戒すべき項目，量的な予想が盛り込まれている．一方，警報・注意報を補完する情報は，警報・注意報を補完する内容となっており，それらが長時間継続しているとき，あるいはそれらの発表にひき続いて発表されるものである．

情報は警報などと異なり，制度的には，報道や自治体，一般への周知についての拘束力が弱くなっている．それにも関わらず，竜巻注意情報などの，甚大な災害に結び付くことのある情報が警報や注意報として発表されないのは，精度が警報・注意報ほど高くないことが主な理由である．ただし，次に述べるような例外もある．

5.1.2 氾濫警戒情報と土砂災害警戒情報

気象庁から発表される情報のうち，河川の氾濫に関する一連の情報，および土砂災害警戒情報は，強い法的な拘束力をもつ，避難に直結する情報である．

河川の氾濫に関する一連の情報，すなわち氾濫警戒情報，氾濫危険情報，氾濫発生情報は，制度としてはいずれも気象業務法第十四条の二の，水防活動に資する，河川を指定した洪水警報に位置付けられている（表 5.2 参照）．これは，警報の発表基準以上に現象が激しいときに，タイトルを付して現象の激しさを明示した警報と考えることもできよう．気象警報が発表されている状況で，現象が特に異常な場合に別の名称で発表されるのは特別警報のみであるが，河川を指定した洪水警報ではより細かな段階が設定されていることになる．

一方，土砂災害警戒情報は，気象業務法では，大雨警報（土砂災害）すなわち地面現象警報を補完する「気象情報」として位置付けられている．ただ，2014 年 8 月 20 日に広島市で 77 人の犠牲者を出した土砂災害を契機として，土砂災害防止法（土砂災害警戒区域等における土砂災害防止対策の推進に関す

表 5.2　指定河川洪水予報の標題の種類と基準

洪水予報の標題（種類）	発表基準	市町村・住民に求める行動の段階
○○川氾濫発生情報 （洪水警報）	氾濫の発生（レベル 5） （氾濫水の予報）	氾濫水への警戒を求める段階
○○川氾濫危険情報 （洪水警報）	氾濫危険水位（レベル 4）に到達	いつ氾濫してもおかしくない状態 避難等の氾濫発生に対する対応を求める段階
○○川氾濫警戒情報 （洪水警報）	一定時間後に氾濫危険水位（レベル 4）に到達が見込まれる場合，あるいは避難判断水位（レベル 3）に到達し，さらに水位の上昇が見込まれる場合	避難準備などの氾濫発生に対する警戒を求める段階
○○川氾濫注意情報 （洪水注意報）	氾濫注意水位（レベル 2）※に到達し，さらに水位の上昇が見込まれる場合	氾濫の発生に対する注意を求める段階

※　レベル 2 の下のレベル 1 は水防団待機水位であり，水防活動に利用される．

る法律）が 2014 年 11 月に改正され，その中で，土砂災害警戒情報は避難勧告あるいは避難指示の判断に資する情報として位置付けられることとなった（第二十七条）．また，土砂災害警戒情報が発表された場合，知事から市町村長への通知，および一般への周知の措置が義務化され，さらに，国が災害対策基本法に従って制定している防災基本計画では，「市町村は，土砂災害に対する住民の警戒避難体制として，土砂災害警戒情報が発表された場合に直ちに避難勧告等を発令することを基本とした具体的な避難勧告等の発令基準を設定するものとする」とされている．このような位置付けは気象における特別警報と同等以上であり，防災に直結した情報とみなすことができる．

5.1.3　警報と注意報のリードタイム

警報・注意報および特別警報は予報であり，災害発生の前に発表されることが基本である．災害対策に資する「予報」という観点から知っておくべきことは，1 つは予報が 100% 適中するものでないこと，もう 1 つはこれらの発表から災害発生までの猶予時間（発災までのリードタイム）が警報等の種類や対象となる現象により異なり，しかもリードタイムと適中率とには，リードタイムが長いほど適中率が低くなるという，負の相関関係があることである．

一般に，防災対策にかかるコストは，災害規模により大きく異なる．また，災害規模が大きい場合には，人的･物的な対策を完了するまでに時間を要する．対策が必要な一般住民や企業への周知にも時間を要する．このため，最も少ないコストで，予報を効率良く利用して災害対策を行うには，リードタイムの長い段階では，適中率が低いことに鑑み，対策に時間のかかる大規模な災害の可能性の有無を確認するとともに，災害のおそれが高まった場合に高コストでも即座に対応できる体制を整えておき，リードタイムが短くとも精度の高い情報に基づいてより具体的な対応をとることが望ましい．

これらの対策にかかる精度とリードタイムは，防災対策を講じる目的によってもさまざまに異なるため，警報・注意報が，災害発生に対しどのくらいの猶予時間で発表され，その精度がどのくらいであるかを知っておくことが重要である．

個々の警報・注意報の本文には警報基準以上となる予想時刻が明示されるものの，発表から基準を超えるまでの時間（以降は単にリードタイムと称す．発災までのリードタイムと異なることに注意）には，警報の種類ごとに幅がある．また，リードタイムをあまり長くすると，信頼度の低下にもつながることから，警報のリードタイムには最長の時間が設定されている．具体的には，大雨警報，洪水警報のリードタイムは最大で3時間，それ以外では6時間である．また，注意報は12時間先までとなっている（気象庁予報部，2010）．

5.1.4 情報のリードタイム

予告的情報のリードタイムは情報の種類によってさまざまであるが，情報に記載される量的な予報は一般に1日先までであり，量的な予報に幅をもたせた場合でも2日先までである．

2017年5月に運用を開始した，5日先までの早期注意情報（警報級の可能性）（以下，「警報級の可能性」と省略する）は，注意報よりも長いリードタイムで，警報の発表される可能性が通常より高い場合にその程度を「高」，「中」とし，5日先まで発表するものである．5日先までの「警報級の可能性」のリードタイムは明確であり，それらのリードタイムにおける精度も公表されている（表5.3）．なお，対象となっている区域は明日までの可能性では一次細分区（143

表 5.3　5 日先までの大雨に関する「警報級の可能性」に関する情報の精度

(a)「警報級の可能性」に関する情報の発表回数と適中率

	明日	明後日	3 日先	4 日先	5 日先	計
可能性「高」	2261(74%)	163(80%)	40(73%)	0(0%)	0(0%)	203(79%)
可能性「中」	3425(28%)	573(50%)	362(51%)	114(39%)	36(41%)	1085(48%)

可能性「高」,「中」ごとの 2016 年 6〜12 月の発表回数とその適中率（カッコ内）を示す．明日は一次細分区，明後日から先は府県予報区が対象．

(b)「警報級の可能性」に関する情報の発表回数と捕捉率

	夜間〜翌日早朝
警報級の可能性「中」	428(71%)

17 時に発表した「可能性中」情報の発表回数と，翌日 5 時までに警報となった総数に対する割合（カッコ内）．対象期間は 2016 年 6〜12 月．

区域)，明後日から 5 日先までは府県予報区（56 区域）であり，警報の区域よりだいぶ広いことに留意されたい．通常は，予報時間が長くなるとともに適中率は下がるが，明後日の適中率（高で 80%）が明日の適中率（高で 74%）より高いのはそのような事情による．

ここで注目すべきことは，可能性「高」の適中率がほほ 8 割，「中」でも 5 割と高いことである（表 5.3(a)）．ただし，この情報は，3 日以上先の場合は主に台風を対象としており，明後日の場合は GSM あるいは MSM のガイダンスに基づくものであり，いずれも捕捉率はそれほど大きくない（表 5.3(b)）．つまり大雨によるすべての警報までは捕捉できないが，台風のように寿命が長く，長期間大雨をもたらす場合，あるいは 2 日先で予報精度がある程度高い場合等に，「わかる場合には伝える」趣旨で発表している．また，対象となる地域も市町村よりもかなり広くしていることで適中率が上がっている．

この「警報の可能性」は，内閣府が導入した「警戒レベル 1」に対応する避難情報等（5.5 参照）となっており，「高」や「中」が発表されているときは，さまざまな災害対策が迅速に柔軟に実施できるための最小限の体制を整えておくことが望ましい．

5.2 市町村警報

現在，警報・注意報は基本的に市町村を単位とした区域で発表している．ここでは，大雨および洪水の警報・注意報の基準の具体的な設定方法について解説し，市町村単位での警報・注意報の意義について明確にする．

5.2.1 基準の設定の方法

a. 警報・注意報が対象とする災害を分類する

大雨警報・注意報の対象災害は，主に土砂災害および浸水害である．また，洪水警報・注意報の対象災害は主に破堤・溢水・河川水位の上昇による構造物の損壊および浸水害となっている．

図 5.1 に示すように，降雨から災害にいたるまでの水の移動は一連のものであるが，土砂災害，洪水害，浸水害はそれぞれ発生のメカニズムが異なっている．最近は災害ごとに，市町村程度を単位とした被災資料がそろっているため，従来の大雨警報·注意報のように，気象現象を災害と直接結び付けるのでなく，災害発生のメカニズムにあわせて災害を分類し，その予測のメカニズムを介して，警報・注意報に結び付けることが望ましい．

現在の大雨警報・注意報，洪水警報・注意報の基準は，土砂災害，浸水害，洪水害の 3 種類の災害を分類し，それぞれの災害のポテンシャルを適切に予測

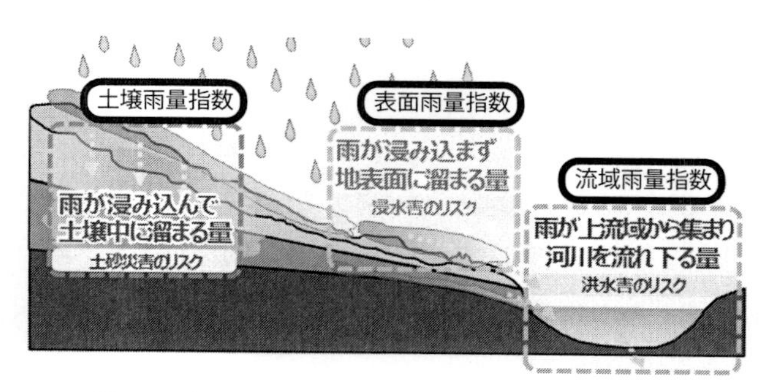

図 5.1 降雨により災害発生の危険度が高まるメカニズム
降雨からの水の移動と，3 種類の災害の危険度を簡易なメカニズムにより表現した指数の関係を示す．

することを目標として設定されている．土砂災害，浸水の災害資料は，市町村単位で整理されており，市町村単位で基準を設定することができる．洪水は，河川別に水害統計の記録があることから，河川ごとに基準が設定されている．具体的な河川とその経路は気象庁のウェブページの洪水警報の危険度分布を拡大していくと河川名付きで見ることができる．

なお，浸水は高潮でも発生するが，高潮により発生する浸水害は高潮警報・注意報でカバーされている．高潮のおそれが高いときに留意すべきことは，防潮扉を閉めることで陸側に降った雨水が海に排出しにくくなり，大雨による内水氾濫が通常より発生しやすくなることである．これは湛水型の内水氾濫の要因と類似している．

b. 災害を的確に表す指標を選択し基準を設定する

土砂災害，浸水害，洪水害を適切に表す指標として，現在，土壌雨量指数，表面雨量指数，および流域雨量指数が使われている．土砂災害および浸水害はいずれも，指数が大きいほど災害発生の可能性が高いものとして，1種類の基準を設定している．一方，洪水は河川の氾濫（いわゆる外水氾濫）の他に湛水型の内水氾濫を想定している．2つの氾濫の発生メカニズムは明確に異なることから，それにあわせて，2種類の基準を設定している（図5.2）．

表5.4に，洪水警報・注意報の設定方法の概要を記した．ここには3つのレベルがあり警報基準にはレベルII，注意報基準にはレベルIが対応している．これらのレベルに具体的な災害の程度（例えば浸水何棟）を対応させておくのである．レベルIIIは過去に甚大な災害が発生した際の指数値，あるいは50年に1度程度の警報基準より高い指数値が相当している．このレベルは気象庁のウェブページで見ることのできる「洪水警報の危険度分布」にある「きわめて危険」のレベルであり，法律に記されているものではないが，予測でこのレベルに達した場合はただちに避難をすべき状況（「非常に危険」）であるとしている（気象庁，2018a）．警報の危険度分布は10分ごとに更新されており，2万河川の指数に基づくレベルを1 kmメッシュごとに閲覧することができる．

ここで，大雨と洪水の警報の警報基準と市町村内の災害の危険度の関係について，利用者の視点で確認してみよう．まず，大雨警報（土砂災害）の基準は，市町村内の1 kmメッシュごとに異なっている．土砂災害に対する脆弱性は，

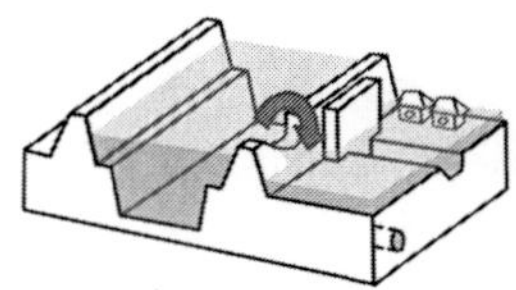

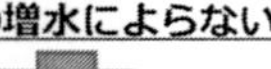

図 5.2　水害による氾濫のメカニズムと指数による対応

大雨による外水氾濫，氾濫型の内水氾濫，湛水型の内水氾濫の発生メカニズム，およびそれらの氾濫に対応する指数とその組み合わせを示す．

表 5.4　洪水警報・注意報基準の設定方法

基準		基準指標	対象とする災害	基準設定手法
警報相当	Ⅲ	流域雨量指数	流域で発生した規模の大きい浸水害（外水氾濫に起因）	基準Ⅱよりも一段上の基準として、外水氾濫事例を高い確度で捕捉するように設定
	Ⅱ	流域雨量指数	流域で発生した規模の大きい浸水害（外水氾濫に起因）	外水氾濫事例を適切に捕捉するよう，コストロス法から流域雨量指数基準を設定（調査期間内に災害が発生していない河川は「30 年確率値」を設定）
	Ⅱ	複合基準（流域雨量指数および表面雨量指数）	流域で発生した規模の大きい浸水害（湛水型の内水氾濫に起因）	規模の大きい浸水害を適切に捕捉するよう，コストロス法から流域雨量指数と表面雨量指数の複合基準を設定（調査期間内に災害が発生していなければ設定しない）
注意報相当	Ⅰ	流域雨量指数	軽微な河川被害等	対象とする災害を適切に捕捉するよう，コストロス法から流域雨量指数基準を設定
	Ⅰ	複合基準	流域で発生した浸水害（湛水型の内水氾濫に起因）	浸水害を適切に捕捉するよう，コストロス法から流域雨量指数と表面雨量指数の複合基準を設定（調査期間内に災害が発生していなければ設定しない）

地質やその風化の速さ，傾斜等によって狭い範囲で異なる．一方で，土壌雨量指数は，これらの性質に関わりなく一定の地質で計算されていることから，このように細かに設定されている．この1kmメッシュごとの基準値は，気象庁のウェブページで閲覧することができる．浸水害については，表面雨量指数が1kmメッシュごとの地質，地形，都市化率等の要素を考慮して計算されていることから，基準値は各市町村に1つとなっている．洪水害に対応する流域雨量指数も地質等の要素が考慮されているが，市町村内でも河川の下流のほうが，水が集まり指数値が高くなることから，やはり1kmメッシュごとに基準が異なっている．警報は，市町村内の1つの1kmメッシュで基準値に達することが予想された場合に発表される．つまり，市町村単位で警報は発表されるが，そのうちで特に警戒を要する地域は，1kmメッシュごとに判断することができるということである．警戒を要するメッシュは必ずしも基準が最も低いところではなく，予想される降水との関係で決まる．警報基準を超えたメッシュは気象庁のウェブページの危険度分布の「警戒」の表示に相当するので，それで確認することができる．

大雨，洪水の警報･注意報では指数を指標として選択しているが，他の警報･注意報では，乾燥注意報の実効湿度以外は，災害との対応の良い単一または複数の気象要素をそのまま使用することがほとんどである．ただ，雷注意報の発表根拠には，気象要素でなく，数値予報により算出した発雷確率ガイダンスが主な目安の1つとなっている．

なだれ注意報では，積雪深さ，気温，降雪量を組み合わせて基準としているが，これは，大雨警報に対して複数の降水量で対応していたことと同様であり，空振りが多いのが現状である．例えばスイスで実施されているようになだれの予測モデルを使用した発生確率の基準とするなど，今後の改善を期待したいところである（藤枝，2007）．

気象要素以外の新たな指標の導入に際しては，災害発生のメカニズムの解明とともに，詳細な災害データの蓄積と災害発生に結び付くプロダクトの開発のそれぞれの進展が必要であり，ここにあげた指数やガイダンスはこの条件を整備することで実現していることを述べておきたい．

5.2.2 基準の精度

ここでは，まず，「警報・注意報の精度」は2種類あることを理解しておく必要がある．1つめは警報・注意報の発表に対する，基準値以上の現象発生の予測精度であり，2つめは警報・注意報の発表に対する災害発生の精度である．警報・注意報は「基準値以上の現象」を「予想」して発表している．一方，「基準値以上の現象」と「災害発生」には100%の関係があるわけではなく，一般には「基準値以上の現象」の一部で「災害発生」となる．「警報・注意報が発表されても空振りばかりである」との話が聞かれることがあるが，そのときには，「基準値以上の数値」の予測精度が悪いのか，「基準値以上の現象」と「災害発生」との関係が悪いのかを，しっかり区別して考える必要がある．最近導入された土壌雨量指数，流域雨量指数，表面雨量指数は，いずれも「基準値以上の現象」と「災害発生」との関係を改善することにより，警報・注意報の発表に対する災害発生の精度を向上させたものである．

洪水害，浸水および土砂災害については，次に述べるように全国的に詳細な調査が実施されているが，暴風・強風災害の全国的な調査は，最近行われていない．ただ，「警報・注意報発表時に基準値以上が発現する」という予報に対する精度は，暴風警報・強風注意報発表の基礎資料であるガイダンスの精度を参考にすることができる．4.3に述べているように，局地的な突風および地形的な影響を除けば，アメダス観測所における暴風警報クラスの風は数時間以上前から50%程度以上の適中率で発表できている．

また，竜巻注意情報でもその精度が詳細に調べられている．一般の警報・注意報では，捕捉すべき災害や災害の規模をあらかじめ設定して基準を求め，精度はその参考資料として示す場合がほとんどだが，竜巻注意情報は，まず指数の値と適中率との関係を調べておき，適中率とそれに対して期待される行動に基づいて，発表基準となる指数値を設定している（気象庁，2018b）．

洪水に関する警報・注意報の精度は，2008年に流域雨量指数を新たに警報・注意報の発表基準とした際の資料が詳しい（横田，2007）．ここでは，浸水害および洪水害を合わせて「水害」と分類し，その水害を洪水警報・注意報および大雨警報・注意報とで対応させている（図5.3）．この資料では，市町村を対象にして，流域雨量指数および1時間（または3時間）の積算雨量を使った

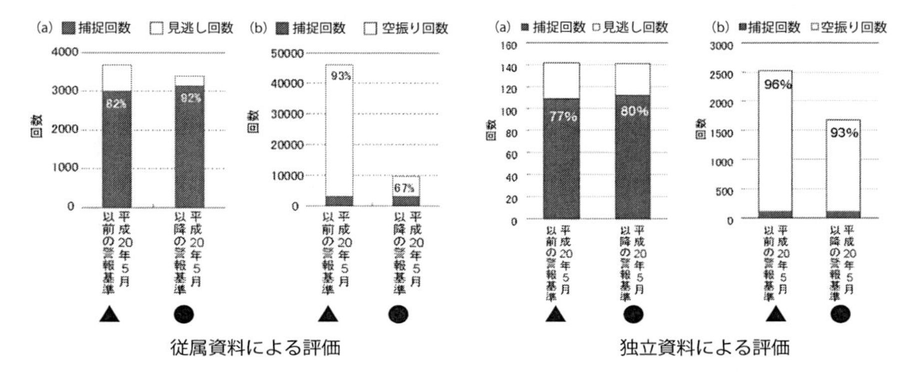

図 5.3 流域雨量指数導入による水害に対する警報の精度の向上

(a) は警報・注意報の対象となった災害の捕捉状況, (b) は発表回数と「空振り」の回数とその割合 (%) を表す. それぞれの図の▲が降水量のみの基準の精度, ●が流域雨量指数を用いた基準の精度である. また, 左側の (a), (b) は従属資料, 右側の (a), (b) は独立資料による精度である.

基準と, それまでの 1, 3, 24 時間の積算降水量のみによる基準の精度を比較している. 基準を作成した際の資料 (従属資料) による比較 (左側の (a), (b)) では, 流域雨量指数を使用した基準 (●印) において, 特に空振り回数の低減が明確であり, その後の独立資料による評価 (右側の (a), (b)) でも, 災害の捕捉率が向上している中で (右側の (a) の●印), 警報の空振り回数は従来の 2400 回から 800 回減っており (右側の (b) の●印), 従来の精度を大きく改善していることがわかる.

浸水に対する大雨警報 (浸水害)・大雨注意報は, 2017 年 5 月より表面雨量指数を指標として運用している. 太田・牧原 (2015) によると, 表面雨量指数による災害の捕捉, 見逃しおよび空振りの精度は, 図 5.4 に示したとおりである. ここでは基準作成に使用していない 2007〜2012 年の 7 年間の資料 (独立資料) を使用している. これによると, 指数の採用で当時の大雨警報・注意報と比較して, 空振りが減少することがわかる. また警報においては従来と比較して災害の捕捉率が高く, 注意報では空振りの減少が顕著である.

次に, リードタイムに関する精度について見てみよう. 警報・注意報では, 一般にリードタイムが短ければ適中率が高く, 長くなるほど適中率は低下するが, 特に, 降水に関する警報・注意報ではその関係が顕著である. 気象庁予報部では, 最近の大雨警報のリードタイムの多くが 1〜2 時間程度であることに

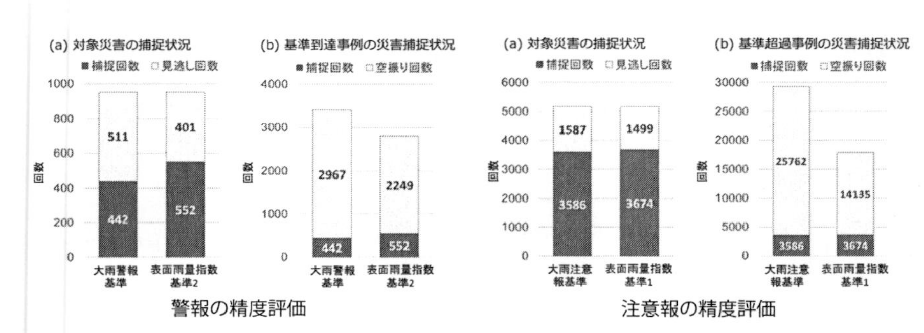

図 5.4　表面雨量指数導入による大雨警報（浸水害）・大雨注意報の精度の向上

(a) は警報・注意報の対象となった災害の捕捉状況，(b) は発表回数と「あたり」の回数を表す．それぞれ左側が従来の基準の精度，右側が表面雨量指数による基準の精度である．

注目して，表面雨量指数の適中率を，5 分ごとの高頻度で発表する降水ナウキャスト，および発表間隔は 30 分ごとだが雨量分布の精度の高い降水短時間予報の両者を使った表面雨量指数のそれぞれのリードタイムごとの適中率を比較している（図 5.5，太田，2016）．ここで，降水ナウキャストでは解析雨量に加え，10 分ごとに作成している速報版解析雨量を用いて任意の 10 分ごとに指数を算出していることに注目したい．

その結果によると，リードタイムが 40 分程度以内であれば降水ナウキャストと速報版解析雨量を組み合わせた指数の精度のほうが降水短時間予報による精度より高いことがわかる．特に，浸水基準Ⅲ（危険度分布の「極めて危険」に相当）のように，短時間で発達・衰弱する大雨に伴う場合には，降水ナウキャストに基づく指数の精度がより適していることがわかる．適中率は 1 時間以内においてリードタイムが 10 分短くなるごとに明らかに精度が高くなっており，情報を入手後数十分の時間が災害対策に重要であることが推察できる．

洪水警報・注意報に関するリードタイムが河川の規模により変わってくることは，4.10.4 に示したとおりである．長さ 30 km 以上の河川であれば 3 時間先の予測でも相関係数が 0.95 を超える．一方，長さ 20〜30 km の河川では 0.92 程度に低下する．ここで仮に洪水の流速を 2 m/s とすると，河川の最上流の水は 3 時間で 22 km 程度まで流下する．この時間を経過すると，中流付近の洪水はすでに下流まで到達しており，最上流からの水の影響もだいぶ少なくなることが推察され，そのことが相関係数にも反映されている．

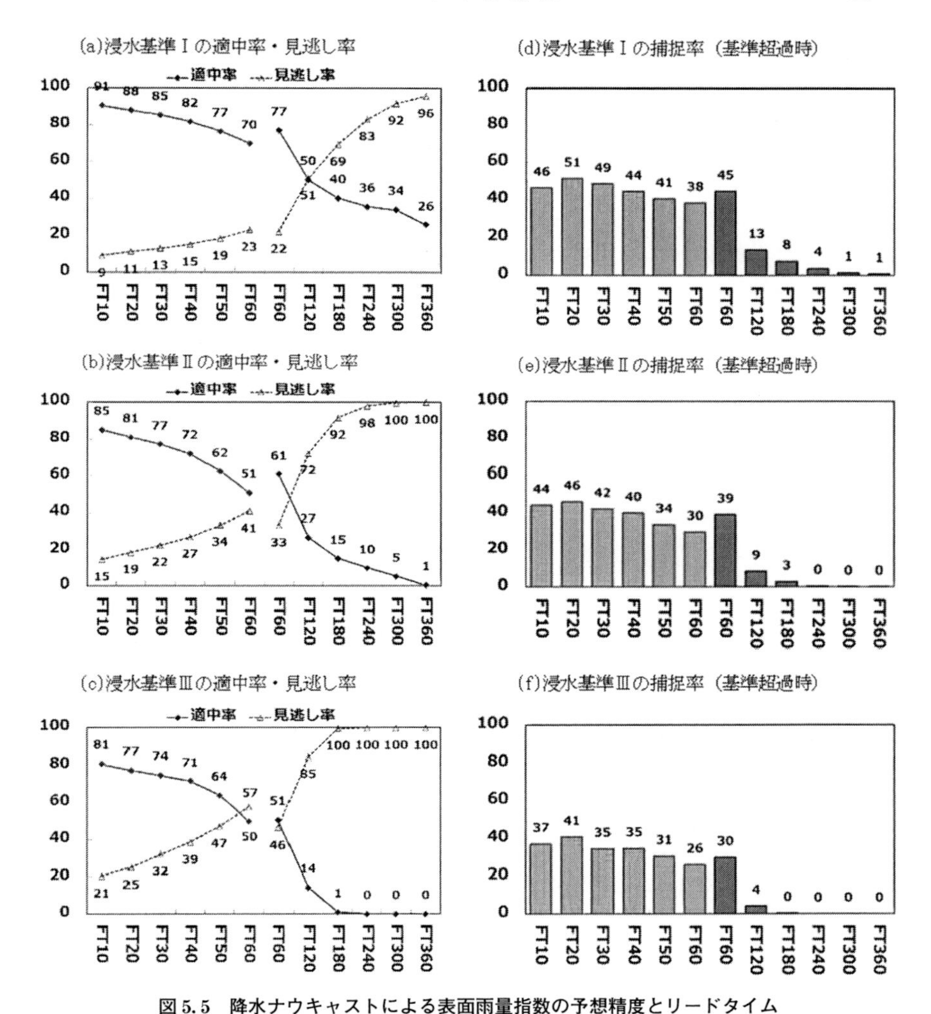

図 5.5 降水ナウキャストによる表面雨量指数の予想精度とリードタイム

表面雨量指数の実況値を降水ナウキャストおよび降水短時間予報で予想した場合の，予報時間ごとの適中率と捕捉率を示す．期間は 2015 年 5〜7 月．

土砂災害の警報（大雨警報（土砂災害））は，土砂災害警戒情報の基準を元にして，警戒情報のリードタイムをさらに1時間早くするための基準として設定されている．土砂災害警戒情報の基準は都道府県ごとに個別に設定されており，精度はそれぞれに異なる．その全般的な精度については「土砂災害への警戒の呼びかけに関する検討会の報告」の土砂災害警戒情報の運用実績（国土交通省水管理国土保全局，2012）に詳しい．それによると，2008～2011年の4年間の発表回数は，発表単位（ほぼ市町村）ごとに，1年間に0.63回，捕捉率は75%，適中率は4%となっている．なお，この基準は精度向上のため順次見直しが行われている．土砂災害に関する大雨警報の基準は，土砂災害警戒情報にさらに1時間のリードタイムを確保するよう設定されているので，土砂災害警戒情報より捕捉率は大きくなるが，適中率は低下する．

5.2.3 具体的な警報発表の方法

警報・注意報の発表作業に関わっている予報担当者は，天気予報および警報・注意報を迅速に容易に発表するため，対話型の作業システム「予報作業支援システム（YSS）」を使用して作業を行っている．このYSSは，地上，高層，気象レーダー，気象衛星，ウィンドプロファイラ等の気象観測資料，天気図等の解析資料，および数値予報・ガイダンス等の予想資料を，重ね合わせ・動画等で画面に表示するとともに，数値予報等の客観予想資料および予報担当者がそれらを参考にして加えた修正に基づいて，予報，警報・注意報を自動作成し発表するものである（気象庁予報部予報課，2005）．

天気予報および警報・注意報の作業画面は，雨や風などの気象要素ごとに1種類の画面が用意されており，時間を横軸，地域を縦軸とする二次元の時系列表に，現象の有無，あるいは想定される気象要素の量（降水量や風速等）が表示されている（図5.6，瀧，2016）．

表にはガイダンスや，解析雨量・降水短時間予報等による指数が第1推定値として入力されている．予報担当者は，その数値を予報担当者の知識と知見に基づいて適宜修正し，「予想の確度」を設定することで最終的な時系列を作成する．YSSは，その内容を基準値と比較して，警報・注意報，天気予報を自動的に作成し発表する．予想値の判断から警報・注意報発表までの時間を極力短縮するとともに，予報との整合を図ることがYSSの目的の1つである．旧システムから新たに，「警報級等」（「警報級の可能性」を作成するタブ）など4つのタブ（右上の太線の枠）が追加されている．

具体的な例として，大雨警報（浸水害）・大雨注意報の発表作業を例にとる

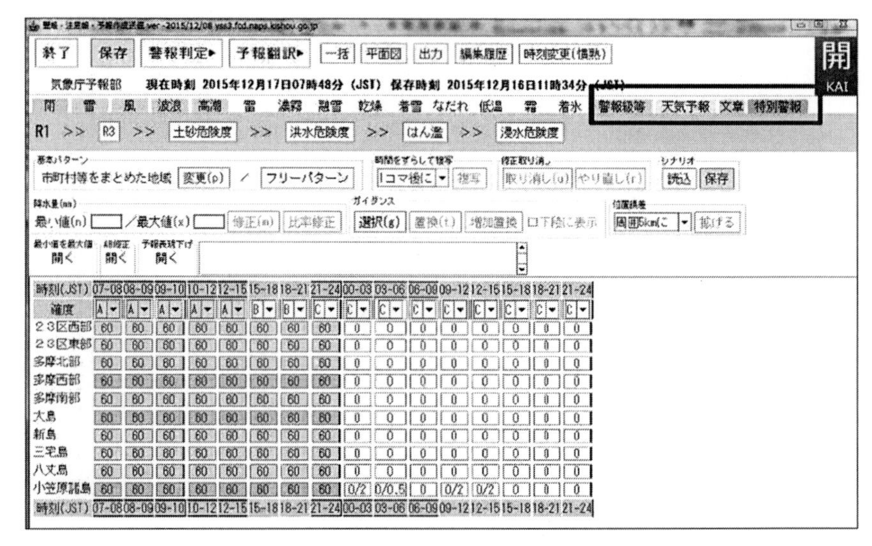

図 5.6　予報作業支援システムの時系列編集画面

旧システムから新たに，「警報級等」など４つのタブ（右上の太線の枠）が追加されている．

（表 5.5）．この基準の指標には表面雨量指数が使われており，降水量の予想値から求まる表面雨量指数の基準に基づいて警報・注意報の発表が判断される．

予報担当者が使用する大雨警報（浸水害）・大雨注意報の判断方法は，次の３つである．

①　降水短時間予報，降水ナウキャストによる判定

②　目先１時間または３時間に予報担当者が適宜選択した降水が降った場合に想定される表面雨量指数に基づく判定

③　リアルタイムに計算される「基準到達までの必要雨量」に基づく判定
⇒目先１時間先までの警報等の判定に利用

予報担当者は，これらのうちから，気象状況に応じていずれかの方法を採用する．判定の②および③はガイダンスや降水短時間予報等の客観的予想を修正して判断することになる．

一方，洪水警報・注意報の指標となる流域雨量指数に対しては，予報担当者の修正は行っていない．予報担当者は，指定河川の洪水予報との整合のみを行う．浸水害や土砂災害は，その場で降った降水が災害発生に重要な役割をして

表 5.5　大雨警報（浸水害）・注意報の発表手順

リードタイム	24 時間以上前	3(～6) 時間以上前	数時間前	1 時間以内	警報基準超え
種類	予告的気象情報の発表	警報に言及した注意報の発表	警報発表		
根拠	量的予想等に基づいて発表	判定①，判定②に基づいて発表	判定①，判定②，判定③（③は 1 時間以内）に基づいて発表		

いるのに対し，洪水害は，降水が流下し，時間をかけて下流に集まることによって発生する災害であり，河川の規模によっても流域への降水から増水するまでの時間差や増水のスピードが変わってくるなど，降水現象から災害発生までのメカニズムが複雑であり，予報担当者による洪水害に対する危険度の修正が困難なためである．また，中規模・大規模河川では，その時点までに流域に降った降水が流下してくるため，その後の流域において降水の予報誤差があっても，流域雨量指数への影響は比較的小さく，予測が安定しているという特徴があることも関係している．

なお，このシステムでは時系列が 3 時間（直近は 1 時間）単位となっており（図 5.6），警報のリードタイムについても，その種類によって最大値が決まっている．この最大値は警報の種類ごとにその平均的な精度に基づいて設定されており，警報は雨に関しては最大で 3 時間，それ以外で 6 時間に設定されている．また，注意報は 12 時間先までとなっている．

さらに，このシステムには，予想値を確定し，警報・注意報の発表に至る際に，「確度」というパラメータを介して予想値の誤差を客観化している．「確度」は時間に関する誤差を表現する．例えば，予報時間が長くなれば予想値の「確度」は低くなるが，台風に伴う暴風であれば「確度」は比較的高い．このように現象に応じて変化する誤差を，予想値とともに設定している．確度には，A，B，C の 3 段階があり，警報基準以上が予想され確度が「A」ならば警報，「B」の場合には，警報の可能性の高い注意報が発表される．「C」の場合には注意報も発表されない．この場合は警報の可能性に関する情報等でよびかけることになる．

5.3 特別警報

5.3.1 特別警報の概要

特別警報は，「予想される現象が特に異常であるため重大な災害の起こるおそれが著しく大きい場合」に発表される.「現象が特に異常」とは，発生頻度が数十年に1度以下の現象が,基準の面積以上で予想されることをさす（地震・火山の特別警報を除く）．大雨に関してこの基準を満たす過去の主な顕著現象は表5.6のとおりであり，近年大きな災害をもたらした事例，特に命名された災害はほぼ該当することがわかる．実際，基準の設定においては，過去の命名災害との対応も重視された.

現在，市町村における警報の役割は，多くの場合，防災活動の初期段階の周知であり，その後の防災活動の強化は，雨量や河川水位等の実況資料，あるいは実際の災害報告に基づいているところが多い．ただ，それでは対策の強化がどうしても後手になってしまう．一方，土砂災害や河川洪水においては，避難

表 5.6 特別警報の基準を満たす主な事例

発生年	月日	現象	死者・行方不明者	住家全半壊	住家浸水（床上＋床下）
1993	7/31～8/29	梅雨前線，台風第7・11号（平成5年8月豪雨）	93	950	16,496
1995	6/30～7/22	梅雨前線による大雨	5	211	18,208
1998	8/3～8/7	梅雨前線による大雨（平成10年8月上旬豪雨）	2	19	17,694
2000	9/8～9/17	前線および台風第14・15・17号	12	206	69,227
2002	7/8～7/12	梅雨前線および台風第6号	7	50	10,318
2004	7/17～7/18	「平成16年7月福井豪雨」	5	201	13,727
2004	10/18～10/21	前線および台風第23号	98	8,685	55,455
2006	7/15～7/24	「平成18年7月豪雨」	30	1,539	6,996
2009	8/8～8/11	熱帯低気圧および台風第9号	27	1,313	5,602
2011	7/27～7/30	「平成23年7月新潟・福島豪雨」	6	1,071	9,025
2011	8/30～9/5	台風第12号	98	3,538	22,094
2011	9/15～9/22	台風第15号	19	1,610	7,840
2012	7/11～7/14	「平成24年7月九州北部豪雨」	32	1,863	12,606

被害者数は消防白書からの引用．消防白書に記載のない事例は気象庁ウェブページや理科年表等からの引用（顕著現象の命名の目安：損壊家屋1,000棟程度以上，浸水家屋10,000棟程度以上）.

勧告に相当する情報として，土砂災害警戒情報および河川を指定した洪水警報が，地域防災計画に記載されている場合が多い．過去数十年で最も大規模な災害の発生するおそれを伝え，防災活動の推進に資するという特別警報の趣旨は，土砂災害警戒情報や河川を指定した洪水警報とはやや異なるが，特別警報の運用により，自然災害発生の可能性から大規模な避難に結び付く状況までを，法律に基づく一連の情報として気象庁から入手することができるようになったといえる．

特別警報は，現象の激しさだけでなく，その広がりも発表の目安としているところが他の警報とは大きく異なっている．特別警報が発表されるような事例においては，通常の警報と比較して，はるかに多くの被害が発生しており，そ

表 5.7　特別警報の発表事例（2019 年 2 月まで）

発生年	月日	特別警報の種類	現象	発表対象都道府県	死者・行方不明（負傷）	住家全半壊	住家浸水（床上＋床下）
2013	9/16	大雨	平成 25 年台風第 18 号	京都，滋賀 福井	2 負傷 14	352	6,700
2014	7/7 ～9	暴風・波浪 高潮・大雨	平成 26 年台風第 8 号	沖縄本島， 宮古	負傷 36	42	180
2014	8/9	大雨	平成 26 年台風第 11 号	三重	負傷 7	49	400
2014	9/11	大雨	大気不安定	石狩，空知 胆付，後志			26
2015	9/10 ～11	大雨	平成 27 年 9 月関東・東北豪雨	栃木，茨城 宮城	20 負傷 65	7,502	10,000
2016	10/3	暴風・波浪 高潮・大雨	平成 28 年台風第 18 号	沖縄本島	負傷 14	137	
2017	7/5	大雨	梅雨前線	島根	負傷 1		60
2017	7/5 ～6	大雨	平成 29 年 7 月九州北部豪雨	福岡，大分	42 負傷 27	1,476	1,700
2018	7/6 ～8	大雨	平成 30 年 7 月豪雨	福岡，佐賀 長崎，広島 岡山，鳥取 京都，兵庫 岐阜，高知 愛媛	237 負傷 402	21,287	22,600

被害状況は消防白書からの引用．

のような場合には，防災活動の規模も大きくなる．すなわち，個人の避難のための情報が必要であると同様，大規模災害に対して，組織として対応することも，被害の軽減に必要となってくる．例えば，都市域で伊勢湾台風上陸時のような大規模な高潮や大河川の氾濫等が発生するような状況では，避難は数十万人を超える規模となり，その手段等も組織的に実施しなければ災害を防ぎきれないことは容易に想像がつく．特別警報が出る状況は「大変な」状況であるが，それは，その地点の現象の異常さで「大変」なだけでなく，災害の規模でも「大変」な状況なのである．

表 5.7 は，2019 年 2 月までに発表された気象等に関する特別警報の発表事例である．災害の程度が大きくないものが一部にみられるが，この期間に顕著な災害をもたらした多くの事例がこの中に含まれていることがわかる．なお，2013 年伊豆大島の土砂災害，2016 年広島の土砂災害などでは特別警報が発表されなかったが，これは「現象が特に異常」と判断される範囲の大きさが特別警報発表の基準に達していなかったためであり，狭い範囲で極端に少ない頻度で発生する顕著災害への対処については課題が残されている．

5.3.2 発表の基準とタイミング

気象に関する特別警報は 3 つの要因に基づいて発表されている．「雨を要因とする特別警報」すなわち大雨特別警報の基準は，以下の①または②である（気象庁，2018c）．

① 48 時間降水量及び土壌雨量指数において，50 年に 1 度の値以上となった 5 km 格子が，共に府県程度の広がりの範囲内で 50 格子以上出現．

② 3 時間降水量及び土壌雨量指数において，50 年に 1 度の値以上となった 5 km 格子が，共に府県程度の広がりの範囲内で 10 格子以上出現（ただし，3 時間降水量が 150 mm 以上となった格子のみ）．

この「50 年に 1 度の値」は 1991 年以降の解析雨量およびそれから算出される土壌雨量指数についてのグンベル（Gumbel）の頻度分布により求めた数値である．

「台風等を要因とする特別警報」では，「伊勢湾台風」級の台風や同程度の温帯低気圧が来襲する場合（中心気圧 930 hPa 以下または最大風速 50 m/s 以上）

の暴風，高潮，波浪，暴風雪の各警報を特別警報としている（ただし，沖縄地方，奄美地方および小笠原諸島では，中心気圧 910 hPa 以下または最大風速 60 m/s 以上）．昭和以降では，室戸台風，枕崎台風，第 2 室戸台風，伊勢湾台風，1993 年の台風第 13 号が該当する．このうち台風第 13 号以外の「930 hPa 以下の中心気圧」は，台風中心が上陸した地点付近の陸上で観測された値である．

「雪を要因とする特別警報」は，府県程度以上の広さで 50 年に 1 度の積雪深となり，その後も警報級の降雪が丸 1 日程度以上続くと予想される場合に発表される．該当例は，「昭和 38 年 1 月豪雪」（1963 年），昭和 56（1981）年の豪雪である．

5.3.3 特別警報の契機となった 2011 年の大雨災害

従来，警報は市町村の防災対応の初動としての役割が大半であり，それ以降の，例えば避難勧告等のきっかけに対応するような情報はなかった．その理由の 1 つは，気象庁のプロダクトの精度がそれに耐える段階には達していないとの認識であったからである．ただ，気象庁の大雨に関するプロダクトは大きく進化し，自治体においても避難が必要な状況に対する事前の情報の必要性がさけばれるようになってきた．

折しも発生した 2011 年の東日本大震災は，日本の自然災害史における記録的な大災害であるとともに，地震・津波予測はもとより災害に対する情報全体のあり方を大きく変えるものとなった．さらに，同じ年の 8 月に発生した台風第 12 号による紀伊半島の記録的な大雨と土砂災害等は防災気象情報の改善に拍車をかけたということができよう．これらがきっかけになり，数十年に 1 度発生するような気象災害に対してそのおそれを伝える特別警報に関する法律が整備された．

台風第 12 号による大雨と土砂災害の一連の気象状況および災害は，120 年以上前の 1889 年に発生した台風による土砂災害ときわめて類似しており，さらに，解析雨量，土壌雨量指数等により，これらの大雨が，広い範囲で 50～100 年に 1 度発生するものであることの判断がある程度可能であることが明らかになった．つまり，2011 年の大雨の状況から 120 年以上前の記録的な土砂災害に匹敵するような災害への警戒を，具体的で信頼性の高い情報に基づいてよびかけよう，ということである.

a. 2011年の台風第12号による災害の概要

2011年の台風第12号は，四国，中国地方を縦断し，紀伊半島を中心に記録的な大雨をもたらした．この大雨による大規模な土砂災害や洪水のため，死者・行方不明者は98人に達し，浸水棟数も2万棟を超える被害となった.

1982年の台風第10号（95人）以降，2019年7月までに95人以上の犠牲者をもたらした台風は，2004年の台風第23号（98人）とこの台風のみである．この台風の特徴は，中心気圧はあまり低くはなかったものの，動きが遅く，紀伊半島では，台風が上陸する1日以上前から大雨が降り始め，台風の中心が遠ざかっている時間帯にも大雨が続いたことである．この大雨のため紀伊半島を中心に，深層崩壊，土石流などの大規模な土砂災害が数多く発生し，熊野川も，伊勢湾台風時の流量を上回る規模の洪水となった．奈良県上北山村上北山（アメダス）では4日朝までの前72時間降水量が1652.5 mmと，国内の最大を記録した．また，大規模な深層崩壊の発生した奈良県十津川村の風屋では9月1日から9月4日までの総雨量が1336 mmに達した（図5.7).

この大雨により紀伊半島で発生した土砂の総量は約1億 m^3 で，土砂災害としてはわが国における戦後最大の規模となった．また，河川への土砂の流入により，奈良・和歌山両県に17か所の天然ダム（いわゆる土砂ダム）ができた．主要な天然ダムとそれを作った斜面崩壊の概要を表5.8に示す．例えば，十津川村栗平で天然ダムを造った崩壊の規模は，幅約950 m長さ約650 mで，長

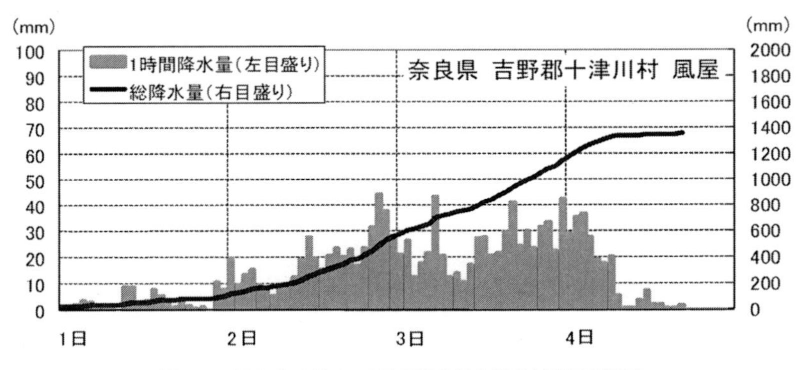

図5.7 2011年9月1～4日の奈良県十津川村風屋の雨量

表 5.8　天然ダム発生個所の土砂災害の諸元

	満水湛水量	崩壊土砂量	崩壊斜面の大きさ
赤谷	550 万 m^3	900 万 m^3	約 1,100 m×約 450 m
長殿	270 万 m^3	680 万 m^3	約 700 m×約 300 m
栗平	750 万 m^3	1,390 万 m^3	約 950 m×約 650 m
北股	4 万 m^3	120 万 m^3	約 400 m×約 200 m
熊野	110 万 m^3	410 万 m^3	約 650 m×約 450 m

さは東京スカイツリーとほぼ同じで幅はそれより広い．それが土砂となって崩れ落ちるわけで，まさに「山が崩れた」との表現が適切な深層崩壊である．

b.　1889 年に発生した明治十津川災害と 2011 年の災害との類似性

台風第 12 号による紀伊半島の土砂災害は「明治の十津川災害」以来といわれている．明治の十津川災害は 1889 年（昭治 22 年）8 月 19 日から 20 日にかけて，台風による大雨が奈良県南部と和歌山県を中心に発生したもので，犠牲者は奈良県南部で 245 人（吉野郡水災誌：宇智吉野郡役所，1891），和歌山県で 1247 人(和歌山県災害史:和歌山県, 1963)にのぼった．壊滅的な被害のため，一部住民が北海道に移住し，新十津川村（現新十津川町）を作ったことで知られている．この災害をもたらした台風（ここでは明治十津川台風と称す）と台風第 12 号はさまざまな点で類似しており，災害についても類似点が多い．

図 5.8 は，台風第 12 号と明治十津川台風の経路を 2011 年 9 月 3 日 21 時の天気図に重ねたものである．1889 年 8 月 19 日 21 時の 1000 hPa の等圧線も破線で重ねている．この図から，2 つの台風の経路や位置，1000 hPa の等圧線の大きさが，いずれもきわめて類似していることが明確である（牧原，2012）．なお，全国を対象とした天気図は 1883 年から作成されており，明治の十津川災害当時，天気図は 6 時，14 時，21 時の 1 日 3 回作成されていた．

明治の十津川災害では，和歌山県に 5 か所あった雨量計のうち海岸付近の和歌山県田辺の 72 時間総雨量が最も多く 1295.4 mm に達した．奈良県では当時気象観測は行われていない．ただ，そのときの状況を詳細に記述している吉野郡水災誌によると，雨は 17 日の降り始めは弱かったが，18 日は強風を伴い，19 日にはさらに強くなり，夜には雷を伴う激しい大雨となった．20 日に天気が回復している．一方，台風第 12 号による大雨も同様の経緯を辿っていることが図 5.7 からわかる．

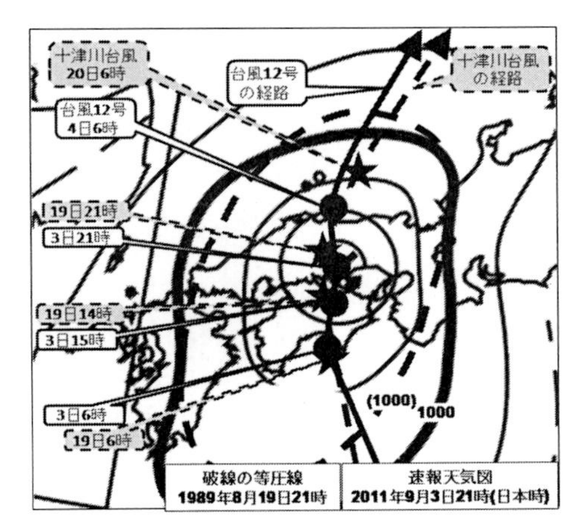

図 5.8　明治十津川台風と台風第 12 号の経路図
2011 年 9 月 3 日 21 時の天気図に 2 つの台風経路図を重ねた．太実線，太破線はそれぞれ台風第 12 号と明治十津川台風の 1000 hPa の等圧線を示す．

災害について比較すると，明治の十津川災害では，奈良県南部と和歌山県を中心に大規模な深層崩壊が発生し，奈良県南部における土砂の総量だけで約 2 億 m^3 以上だった．これは台風第 12 号による紀伊半島全体の崩壊土砂の 2 倍以上になる．また，天然ダムも奈良県だけで 53 か所できている．この土砂災害は，明治以降のわが国の土砂災害の中で最も規模が大きい．また，大規模な崩壊による天然ダムの大部分は崩壊し，一部は下流地域に洪水をもたらした．実際，約 1 か月後の 9 月 11 日から 12 日にかけての大雨では，熊野川下流の新宮市で大規模な洪水が発生している．

洪水については，和歌山県を中心に大きな災害が発生したことが報告されている．和歌山県災害史によると，家屋の流出は 3675 軒，家屋の倒壊は 1524 軒で，犠牲者は 1247 人にのぼった．一方，2011 年の災害においても和歌山県での犠牲者（死者・行方不明）が 61 人と他県と比較して最も多い．

これまでに述べてきた，台風の進路，雨量，そして土砂災害の状況をまとめると表 5.9 のようになる．災害の規模は異なるものの，災害の発生した地域やその状況については，明治の十津川災害との類似点が多いことが明確である．

ただ，土砂災害や洪水などの災害は，普段の雨の多さや地質等の地域の特性

表 5.9　明治十津川台風と台風第 12 号の比較

		明治十津川台風	台風第 12 号
土砂災害	土砂崩壊量	奈良県南部で約 2 億 m^3 以上	紀伊半島で約 1 億 m^3
	天然ダムの数	奈良県南部で 53 か所	紀伊半島で 17 か所
雨量（和歌山県）	雨量計の数	和歌山県内に 5	和歌山県内に約 160
	16 時間雨量（最大）	田辺 901.7 mm	新宮市高田（自治体） 909 mm
	72 時間雨量	田辺 1295.4 mm	新宮市高田（自治体） 1390 mm
雨量（奈良県）	72 時間雨量（十津川）		十津川村風屋 1294 mm
台風	台風上陸地域	高知県東部	高知県東部
	日本海へ抜けた位置	鳥取県	鳥取県
	台風上陸直前の中心気圧	970 hPa（1889 年 8 月 19 日 6 時）	980 hPa（2011 年 9 月 3 日 9 時）
	台風上陸直前の 1000 hPa の大きさ	約 600 km	約 800 km
	上陸後 1 日の速さ	約 14 km/h	約 10 km/h

により発生条件が大きく異なるため，同じような災害が発生するには，雨量と場所の両者がより詳細なレベルで類似する必要がある．台風第 12 号による大雨について，過去 20 年の解析雨量，土壌雨量指数を 5 km メッシュごとに解析したところ，十津川村を含む奈良県南部のほとんどの地域で，50 年をはるかに超える再現期間が検出された．このことは，台風の規模，経路の類似とあわせ，120 年以上前に発生した明治十津川災害以来の災害発生の可能性が示唆されるものである．

このように，特別警報と過去の教訓とを重ね合わせることで，最近発生していないような災害の想定が可能となることから，災害対策での一層の活用を期待したい．

5.4　気象業務法と災害対策基本法・地域防災計画

災害対策基本法は，明治時代以降最大の気象災害をもたらした 1959 年の伊勢湾台風を契機として，2年後の1961年に制定された．この法律では，国，自治体それぞれが，その役割を明確にし，防災計画を策定し，それに従って防災にあたること等が明記されている．

そのうち，防災情報の伝達とその活かし方に関係する事項としては，都道府県知事が，気象庁，都道府県，国土交通省等から警報を受け取った場合に防災計画に従って市町村長等へ通知する義務，あるいは市町村長の市民への伝達，さらには避難勧告・避難指示の手順等が定められている．これらは，気象業務法（例えば特別警報），土砂災害防止法（例えば土砂災害警戒情報），水防法等（例えば河川を指定した洪水警報）の中で，避難することが適当な重大な災害に関する条文を通して密接に関わっている．例えば，市町村長の警報の伝達および警告について書かれている災害対策基本法第五十六条では，市町村長は，災害に関する予報あるいは警報の通知を受け取ったとき等に，「地域防災計画の定めるところにより，当該予報若しくは警報又は通知に係る事項を関係機関及び住民に伝達しなければならない」とされている．

5.5 避難行動と避難情報・防災気象情報を結び付ける「警戒レベル」

内閣府は，近年多発する洪水・土砂災害・高潮・内水氾濫に対して住民が行うべき避難の目安として，避難情報および防災気象情報に「警戒レベル」を導入し，2019年3月に「避難勧告等の判断・伝達マニュアル作成ガイドライン」に明記した．

公的機関が一般住民を対象に発令・発表する防災に関する情報には，市町村長が発令する避難指示（緊急），避難勧告，避難準備・高齢者等避難開始（以降は，これらを「避難情報」と称する），国土交通省あるいは都道県と気象庁が共同で発表する指定河川洪水予報・土砂災害警戒情報，気象庁が発表する警報・注意報等（この節においては，これらを「防災気象情報」と称する）がある．ただ，それらの情報の具体的な内容を十分に理解していない多くの住民にとっては，情報の名称から防災に関するどのような行動をとればよいかわかりにくい面がある．そのため，例えば，指定河川洪水予報や危険度分布では，防災対応の程度に合わせた「レベル」を設定して運用してきた．ただ，「平成30年7月豪雨」(2018年)の被害を受けた調査等では,避難指示(緊急)・避難勧告と「レベル」との関係が,住民にとって明確でなかったこと,防災対応の「レベル」が防災気象情報の種類で必ずしも一致していないこと,などが問題とされた.この結果を受け,内閣府は,状況を直感的に理解できるように,新たに5段階の「警戒レベル」を創設した.警戒レベルについて記載されている「ガイドライン」は法律ではないが,さまざまな防災関連の法律に基づく施策を束ねる役割をもっている.これにより,市町村,国,都道府県の機関は,防災に関する情報を発表する際に,「警戒レベル」を付記し,報道機関等の協力を得て,周知を徹底することとなった.なお,法律の上では,2019年5月に,「警戒レベル」とそれに関する各機関の対応が,災害対策基本法で作成が明記されている防災基本計画に記載されている.

5.5.1 概　要

警戒レベルは,図5.9のとおり,最小限の警戒が必要なレベル1から最大限の警戒と対応をとるべきレベル5までの5段階に分かれている.それぞれの警戒レベルに対応して,「住民の避難行動等」,「避難情報等」,「警戒レベル相当情報」が設定されている.それぞれの役割は,次のようなものである.

「災害のおそれが平常時より高くなった場合には,「避難情報等」が「警報レベル」を付記して発表されるので,住民は,その警報レベルに対応した「住民の避難行動等」に従って行動すべきである.なお,警戒レベルと同じレベルで示されている「警戒レベル相当情報」を,住民が自主的に避難行動をとるために参考とする.」

この警戒レベルの新しい点は,避難情報に警戒レベル3または4が付記されるようになったことの他,警戒レベル3以上の「避難情報等」に対応する防災気象情報に,避難情報と同じ「警戒レベル」が付いたこと,その上で,「住民の避難行動等」に直接結び付く情報は「避難情報」であり,防災気象情報の位置付けは,「避難に関する参考情報」とされていることである.

つまり,警報や特別警報,指定河川洪水予報,土砂災害警戒情報はすべて,避難の「参考情報」ということになる.ただ,これまでと違い,さまざまな防災気象情報と避難行動との関係が,警戒レベルによりつながることとなり,防災気象情報の位置付けが一般住民にわかりやすくなったといえる.

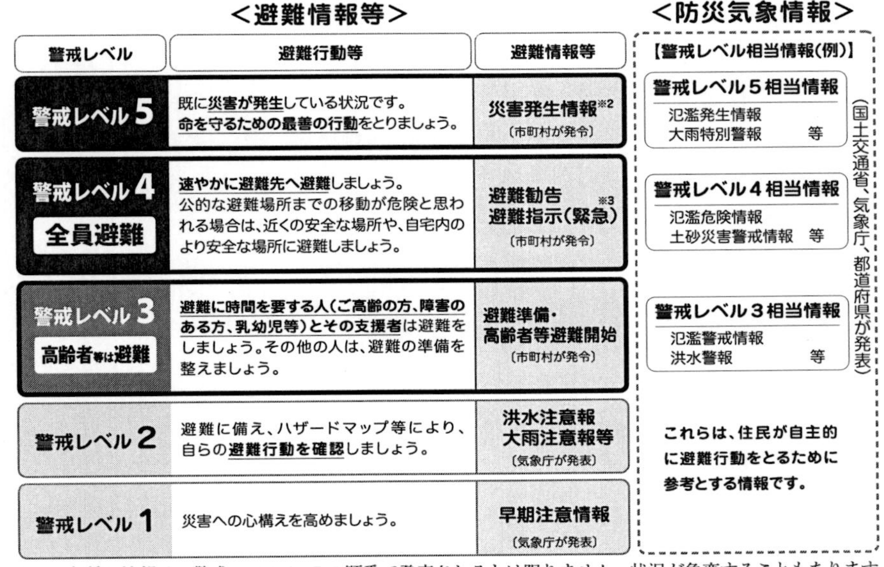

※1　各種の情報は，警戒レベル1～5の順番で発表されるとは限りません．状況が急変することもあります

※2　災害が実際に発生していることを把握した場合に，可能な範囲で発令

※3　地域の状況に応じて緊急的又は重ねて避難を促す場合等に発令

図 5.9　警戒レベルと避難行動，避難情報，防災気象情報との関係

警戒レベルは，住民が，災害時に避難行動が容易にとれるよう，避難に関して行うべき行動と，避難情報，防災気象情報との関係を5段階に整理したものである．市町村，防災気象情報の発表機関は，防災関連情報に，対応する警戒レベルを付記して警戒をよびかけることになっている．

ここで注意すべきは，この警戒レベルは，住民が避難に関してとるべき行動を示したものであり，従来からの法律に従った，都道府県あるいは市町村が行うべき義務や施策には，「警戒レベルを情報に付記して対応する行動を促す」以外に変更はないことである．

なお,「避難情報等」の警戒レベル1では,気象庁が発表する「早期注意情報(警報級の可能性)」が，警戒レベル2では「大雨注意報，洪水注意報」が対応している．

5.5.2　今後の課題

防災関連情報の新しい制度として，警戒レベルが今後の減災に活用されることを期待したい．ただ，今後の改善を期待したい点も見受けられる．

a.　市町村における防災気象情報のさらなる活用促進の必要性

「警戒レベル」では，警戒が必要な状況なときに，市町村と，国あるいは都道府県の防災機関の両者が，直接には連携することなく別々の情報，すなわち避難情報と防災気象情報を発表する．市町村の避難情報の発表基準とタイミングは，防災気象情報と完全に一致しているわけではないので，両者でレベルが異なる場合が発生することは避けられない．実際，2019年の梅雨期に，自治体の発表した警戒レベルと土砂災害警戒情報とにレベルの相違が見られており，「住民がどのような行動をとるべきか混乱を招かないか」との懸念も一部で聞かれた．

防災気象情報の精細化，高精度化が進んでいることから，市町村は，避難情報の根拠として防災気象情報を活用しやすい環境が整ってきているが，その反面，防災気象情報が示した危険度に対して市町村の対応が明らかに十分でない場合には，その責任を問われることにもなりかねない．その点で，市町村は，これまで以上に防災気象情報の内容を理解し，活用することが必要になったといえるだろう．

b.　警戒レベルに対応する防災気象情報の多様性

警戒レベルは，避難行動を直感的に理解できることを目的としている．一方，警戒レベルに関する気象庁の防災気象情報のウェブページによると（気象庁，2019），警報，注意報が単純に警戒レベルに対応しているわけでなく，夜間発表される注意報や暴風警報発表時の高潮警報等，複合的要因により，避難との対応が異なって示されている．このような内容を理解したうえで活用することが今後必要となろう．

c.　避難で考慮すべき要素と警戒レベル

一般に，避難に関する要素として考慮すべきこととして，①どれだけ顕著な災害が予想されているか，②①をどれだけ前に，③どの程度の精度で予測できるか，があげられる．②は避難に要する時間をどれだけ確保できるか，③は災害のない状況での避難行動をどれだけ減らせるか，に関係してくる．

したがって，例えば警戒レベル3に相当する警報が発表されている場合には，①災害が発生する警戒レベル5になる可能性はあるのか，②これから警戒レベル5までどれくらいの時間的余裕があるのか，③警戒レベル5が発生する可能性あるいは時間的余裕の予測の精度はどの程度か，ができるだけ明確にわかることが望ましい．例えば，②について予想される猶予時間より短時間のうちに避難が可能であれば，③について精度が低い場合は，直ちに避難行動をとらずに可能性がはっきりするまで準備しておく，という行動がとれる．「避難準備・高齢者等避難開始」はまさにこれに対応した避難行動といえる．ただ，①，②，③に関する予測情報は，警報レベルには反映されていない．実際，警戒レベル3から警戒レベル4までの時間的猶予について具体的な記述はなく，避難が必要な状況がどの程度切迫しているかはわからない．

これらの①，②，③に関する情報について，例えば，気象庁の危険度分布では，それぞれに関する情報を提供しており，個別に判断することが可能である．また，気象庁の発表する警報では，それより上の警戒レベルに達するおそれがほとんどないことが予測でわかる場合も多いが，その際には警戒レベル3であっても，避難準備等を考える必要はない．可能な限りこのような情報を取得して防災関係者に提供することが，気象の専門家には望まれる．また，すべての警戒レベルでなくとも，このような情報をできるだけ明らかにするようなしくみが期待されるところである．

5.6　警報を利用する際の留意事項

5.6.1　災害のおそれのレベル

警報と注意報では基本的には同じ指標が使われており，警報の閾値のほうが高くなっている．対象となる領域もともに市町村単位に設定されている．この警報・注意報を災害の程度や災害のおそれの大きさでレベル化すると，平常時を除いて，2レベルとなる．ただ，大雨に関する土砂災害危険度判定メッシュの基準値および浸水，洪水の危険度分布の基準Ⅲは，いずれも大雨警報，洪水警報の基準（危険度分布では基準Ⅱと表されている．詳細は気象庁ウェブページを参照されたい）よりも閾値が高い．気象庁ウェブページの危険度分布では，これらの判定メッシュの基準や基準Ⅲが実況で解析される場合と，それが予測される場合をそれぞれ1つのレベル（ウェブページでは「極めて危険」および「非常に危険」の各レベル）とすることで，あわせて4つのレベルが設定されている．また，暴風，大雪，高潮，高波は，警報を超える基準はないものの，指標が数値で表示されていることから，警報を超える激しさは数値から判断することが可能である．なお，それらの数値の意味については，その地域ごとの過去の最大値あるいは災害が発生したときの数値と比較する必要がある．

警報よりも少ない頻度で発表される特別警報の現象の激しさは50年に1回以下の発生頻度であり，危険度分布の「極めて危険」に相当する基準Ⅲ以上と想定されるものの，指標が異なること，特別警報では災害に広がりがあることも条件となっていることに留意が必要である．

5.6.2 警報の限界

警報の有効性だけでなく，その限界を理解することは警報の適切な利用につながる．ここでは，災害との対応，猶予時間（リードタイム）の視点から，その限界について概説する．

a.　警報と災害との対応の視点

警報は市町村単位で発表されるが，大雨警報や洪水警報のように誘因である大雨自体が局地的な場合には，重大な災害が発生する可能性の高い場所が限られてくる．したがって，警報が発表された場合には，市町村より細かなメッシュの危険度分布あるいは土砂災害警戒判定メッシュにより，警報発表のきっかけとなった地域とその現象の今後の推移をただちに確認し，市町村内一律でない対応を行う必要がある．

ところで，警報で「重大な災害」と一口にいっても，1か所における災害の程度が激しい場合，災害の発生件数が多い場合，広い範囲で災害が発生する場合，それぞれに「重大」であるが，警報ではそれらを区別していない．警報は，厳密には，「市町村内での災害発生件数が高くなる」ではなく，「市町村内のある特定の地域においては，災害をもたらすことの多い極端な自然現象が発生する可能性が高くなる」というものである．つまり，「市町村内の特定の地域にいる人に対して，「そこにがけや河川，あるいは低平地等がある場合には」，それに関する自然災害の発生するおそれが高くなる」ことを伝えている情報であり，市町村内の全体の災害件数の多さの可能性ではない．すなわち，人口密度の高いところも低いところも表面雨量指数が同じなら警報としての危険度は同じだが，浸水棟数としては，人口密度の高いところのほうが多いことが想定されるということである．例えば，浸水の対象となる建物やがけの密度が低い地域でも表面雨量指数の危険度が高く基準を超えれば警報が発表されるが，災害発生件数としては相対的に少なく，結果として警報の空振りにつながる面もある（洪水や浸水において都市化率を考慮しているがこれは流出量を解析するためであり，災害の可能性のある建物の密度としては解析していない）．

したがって，危険度分布や警報から災害発生数を推定するには，危険度分布の危険度に，人口あるいは建物あるいは崖などの斜面密度，さらに危険度が高い地域の面積をかけ合わせる必要がある．

ところで，数十年～数百年に1度の極端現象の場合には，普段は災害が発生することがない場所でも災害が起こり，また2011年の台風第12号による災害のように，山の一部が高層ビルよりもはるかに大きい規模の土砂となって崩れたり，河川決壊により広範囲が湖と化したりすることもある．現在のところ特別警報がこのような状況を警告する情報に近いものの，特別警報は広範囲での災害発生が条件であり，現象が局地的な場合には必ずしも対応しない．したがって，より詳細な地域ごとに，このような内容を簡易に確認するには，100年程度以上のスケールでできるだけ細かな地域ごとに過去災害を蓄積しておき，参照することが望ましい．100年に1度程度の極端現象に対して，設計上は耐えられても想定外の状況のためにそれが正常に機能しない場合があることは，2011年の災害で経験ずみであり，教訓とすべき事柄である．

b.　猶予時間の視点

対策には発災までのリードタイムを利用することが望ましいが，現状では，特に大雨に関する警報のリードタイムは平均すると1時間程度である．ただ警報から次のステップである危険度分布の基準Ⅲ，あるいは土砂災害警戒情報，指定河川の洪水警報のレベル4等に至るには，さらなる降水や集水が必要であり，わずかであるがリードタイムが長くなる．数時間のリードタイムが確保されている注意報の段階から，警報やそれ以上の情報が発表される状況に即座に対応できる準備を行い，次の段階に備える必要がある．

文 献

[1] 藤枝　鋼，2007：スイスにおける雪崩予警報業務．測候時報，**74**，93-112.

[2] 気象庁，2018a：警報の危険度分布．www.jma.go.jp/jma/kishou/know/bosai/riskmap.html（2018.1.12 閲覧）

[3] 気象庁，2018b：竜巻注意情報の精度について．http://ds.data.jma.go.jp/fcd/tatsumaki/tatsumaki_hyoka_top.html（2018.1.12 閲覧）

[4] 気象庁，2018c：気象等の特別警報の指標．http://www.jma.go.jp/jma/kishou/know/tokubetsu-keiho/sanko/shihyou.pdf（2018.1.12 閲覧）

[5] 気象庁，2019：防災気象情報と警戒レベルとの対応について．https://www.jma.go.jp/jma/kishou/know/bosai/alertlerel.html

[6] 気象庁予報部，2010：標準的な予報作業について．平成 21 年度予報技術研修テキスト，1-35.

[7] 気象庁予報部予報課，2005：予報作業支援システムと新しい予報作業形態について．測候時報，**72**，53-63.

[8] 国土交通省水管理国土保全局，2012：土砂災害警戒情報の運用成績．http://www.mlit.go.jp/river/sabo/yobikake/01/120725_shiryo3.pdf（2018.1.12 閲覧）

[9] 牧原康隆，2012：平成 23 年台風第 12 号と 1889 年（明治 22 年）十津川災害．天気，**59**，151-155.

[10] 太田琢磨，牧原康隆，2015：大雨警報における浸水雨量指数の適用可能性．研究時報，**65**，1-23.

[11] 太田琢磨，2016：浸水雨量指数と浸水害警戒判定メッシュ情報．平成 27 年度予報技術研修テキスト，気象庁予報部，112-121.

[12] 瀧　良二，2016：予報作業支援システム．平成 27 年度予報技術研修テキスト，気象庁予報部，101-108.

[13] 宇智吉野郡役所，1891：吉野郡水災誌．巻之壹～巻之十一.

[14] 和歌山県，1963：和歌山県災害史．582 pp.

[15] 横田茂樹，2007：流域雨量指数を用いた洪水注意報・警報．平成 19 年度量的予報研修テキスト，17-22.

CHAPTER 6
自治体への気象の専門アドバイザーに期待されること

自治体は，住民と施設の災害を少しでも減らすためにさまざまな活動を行っている．その防災活動は，最終的に市町村長の権限に任せられているところもあるが，基本的には災害対策基本法に則っており，その多くは地域防災計画に定められている．自治体の立場からみると，気象の専門アドバイザーの活躍の場は，その計画の，気象状況等の分析が判断の参考になる項目について，助言すること，となる．

一例をあげると，土砂災害について防災基本計画では，「土砂災害警戒区域等を避難勧告等の発令単位として事前に設定し，土砂災害警戒情報及び土砂災害警戒情報を補足する情報等を用い，事前に定めた発令単位と危険度の高まっている領域が重複する区域等に避難勧告等を絞り込んで発令する」こととされている．この中の「土砂災害警戒情報を補足する情報等」の1つとして，複数の気象情報を元にした専門アドバイザーの状況分析結果を入れることができよう．これ以外にもアドバイザーとして求められることがある．自治体では，地域防災計画の実施にあたり，防災体制にいくつかのレベルを設定している．特に甚大な災害が発生する場合のレベルでは，人員や物資の準備に相応の時間が必要なため，その予想を早く正確に行うことは，災害発生時の対応の大きな改善につながる．予想に基づいて防災体制を準備するようなことが地域防災計画へ記載されることは少ないと思われるが，気象の専門アドバイザーの役割としては重要である．このことは，住民に対する自治体からの避難勧告・避難指示の有無の予想に対しても同様である．つまり，地域防災計画の確実かつ円滑な運用のためには気象情報が重要な役割を果たし，そのための支援が気象のアドバイザーに対して期待されるということである．

気象庁が出した予報・情報の解説者で一番先に思い浮かぶ気象キャスターの

解説内容は，あくまで一般論としてだが，「自治体への気象の専門アドバイザー」に求められる内容とは，若干の違いがある．気象キャスターの役割は，日本あるいは都道府県全体のあらゆる層の人を対象にして，わかりやすく現在と今後の気象状況を伝えることである．専門用語はできるだけ使わず，2つ以上の想定シナリオがある場合には，可能な限り1本にする．限られた時間内に伝えるため，防災上の注意としては予想される最大値を伝える．ただ，その結果として，伝えられた内容が，特定の市町村で想定される雨量や風速とかなり異なることもまれではない．

自治体のアドバイザーに求められることは，例えば台風などの極端現象による災害のおそれに留意するよう報道されているとき，台風の範囲内の最大風速や最大雨量でなく，その自治体の中の狭い特定の地域で，どのような規模の災害が，どの程度の可能性で発生するのかについての見通しである．さらに，それにより，どの程度の規模の人を配置する必要があるか，現象の進展とともに，可能であれば，何市の何町から何町付近では，この数十年なかったような災害（土砂災害，浸水）のおそれがあり，避難勧告や避難指示を検討する必要があるか，それらを発令するならばいつ頃のタイミングかという，具体的なことである．

もちろん，直接に判断の結果を伝えるわけではなく，過去や他の地域での同様の気象状況の際に発生した内容を伝え，同様の気象状況のおそれが高いことを具体的根拠で示すのがその役割である．そのためには，多くのことを，災害のおそれが高まる前までに準備としておく必要がある．

6.1 事前準備を必要とするアドバイス

6.1.1 過去事例とその再来等に関する事前準備

特定の地域でどのような災害が発生するかを，自治体・住民に理解してもらう最も効果的な方法は，その地域における過去災害との対比であろう．他の地域の災害は，どうしても他人事のように思われてしまうからである．

① 過去の観測データ，災害データの整理

気象災害に対する地域の脆弱性は，暴風，洪水，浸水，土砂災害，高潮等それぞれに異なるので，それぞれに取りまとめる必要がある．特に大雨については，過去に大雨の降った地域と脆弱性が高い地域が一致しないこともあるため，できるだけ細かく整理する必要がある．記録する雨量データとしては，発災地に近くて，長期間観測されているものが望ましい．対象となる地点から5 km以上離れるだけで災害の正確な対応が困難となる場合があるので，全般的には解析雨量を使用することが望ましい．一方，風速計の数値は，竜巻等の局地現象でなければ，やや離れていてもアメダスあるいは近くの風速計の記録が参考になる．

ある地域でこの数十年災害が発生していない場合でも，大雨については，たまたま大雨がこの数十年間降っていないためであり，災害に強いわけではないことは珍しいことでない．例えば，大雨の多い福岡県に20年以上設置されているアメダス18地点（福岡県内の登録地点の約7割にあたる）の平均設置期間は40年で，この期間に記録的短時間大雨情報の基準である1時間100 mm以上を観測した地点は5地点（28%）にすぎない．ちなみに福岡県朝倉市の朝倉アメダスの記録は，1時間降水量の最大が「平成28年7月九州北部豪雨」(2016年）時の7月5日の129.5 mm，その次は2009年8月15日の74.5 mmであり，後者では大きな被害は報告されていない．

災害の報告としては，自治体の記録の他，気象庁の記録，あるいは当時の新聞記事等（停電，道路，鉄道の被害等の範囲）が参考になる．同時に，20年程度前までに災害が発生しているならば，過去の流域雨量指数値，土壌雨量指数値を取得することができるので，それらをあわせて記録しておくことが重要である．過去の災害が記録に残っていない地域については，その期間の気象観測値あるいは指数の最大値を記録しておき，それを超える数値が予想される場合には災害のおそれがあることとする．付近の脆弱性が同程度の地域で災害が発生している場合は，そのときの気象状況が参考になる．

いわゆるハザードマップには，大河川の浸水想定，土砂災害危険区域等が記載されており，基本的にはその地方において過去数十年で最も激しかった気象状況が再現された場合に想定される災害の範囲が，その地域で過去にあった大災害の記録とともに示されている．ただ，これを超える気象状況や災害も発生し得る．降水量や指数が過去50年に1回程度以下となるような記録的な数値が予想され，特別警報が出るような場合には，ハザードマップを上回る災害への警戒が必要である．

② ハードウェアの補強と災害

過去に洪水や高潮の大きな災害が発生した地域では，ハードウェアの補強が行われている場合が多い．ただ，ハードウェアにもその能力に限界がある．また，例えば堤防を補強したために，外水氾濫のおそれは遠のいても，湛水型の氾濫が新たに発生するおそれがあること等から，過去の災害時に匹敵する気象状況においては，やはり相応の対応が必要である．ハードウェアの経年変化にも注意が必要である．過去の高潮災害では，ハリケーンカトリーナの例（市街地では高潮は堤防高に達しなかったが，防潮堤の一部が破損したためニューオリンズが広範囲にわたり浸水した），伊勢湾台風における例（半田市では6年前の高潮被害を受け4.5 m の防潮堤を構築していた．高潮の潮位自体はそれより低かったが防潮提は破壊され，防潮堤を過信した多数の人が犠牲になった）などがその教訓である．ハードウェアによる補強がなされた場合でも油断せず，当時のことを記録しておき，「50年以上前に起きたような災害は，インフラの発達した現在では発生しない」と安易に考えず，想定外があり得るとの心構えが重要である．

③ 広範囲の避難への準備

大河川の破堤による洪水，高潮により，地域一帯が浸水するとき等には，複数の市町村が連携し，防災活動や広範囲における避難にあたることが必要となる．台風による場合には2日程度前，それ以外の場合は6～12時間の時間前にはある程度の予測が可能と思われるので，過去の災害を参考にして，近隣自治体と協議できる体制を整えておく必要がある．

6.1.2 気象資料活用のための事前準備

① 風については，アメダス地点ごとに風ガイダンスが気象庁から提供されており，過去の災害時のアメダスの風速との比較が容易で，その強風予測の精度も全般に高い（4.3参照）．気象庁で発表される台風の最大風速は，台風の性質を維持する場合に海上などの摩擦の少ない場所で起こり得る数値であるため，自治体内で想定される風については，アメダスごとのガイダンス値を積極

的に利用したい．また，周囲のアメダス地点を含め，風速計の設置高度，環境を合わせて考慮しておき，自治体の代表的な地域と特性の近いアメダス点をあらかじめ調査しておき，台風接近時に参照することが望ましい．

② 雨ガイダンスでは，対象となる自治体（地域）が平野部か山岳部かをあらかじめ調査しておく必要がある．平野部の場合は，大規模河川の氾濫等のおそれがなければ，平野部で予想される雨量と過去の雨量を比較することが望ましい．気象情報の中の最大雨量は，山岳部で予想される場合が多いが，台風中心の通過や線状の降水域に伴って，平野部で予想されることもあるので，ガイダンスでの確認は必須である．ただ，集中豪雨のおそれがあるときは，精度的に雨ガイダンスでは十分に対応できないので，例えば梅雨時期に気象警報が出されている場合には，予想雨量をはるかに上回る雨量となる場合が少なくないことを想定して，大雨災害のおそれがより明確になったときには，数時間以内に防災対応ができる体制を作ることをアドバイスしておく必要がある．同様に，大気下層の相当温位が高い時期には，大雨注意報から警報に短時間のうちに変わり得ること，特に夜間の警報・注意報にすぐに対応できる体制をアドバイスしておく必要がある．

③ 大雨における先行降雨の影響についても，都市化率，傾斜などの地理，地質とともに，十分理解しておく必要がある．先行降雨が多いときの影響は，土砂災害が最も大きいが，都市化率の高くない地域における出水も，普段と異なり，雨が降った後にすぐに出水する傾向がある．その結果として，災害発生までのリードタイムが短くなることを認識しておく必要がある．

6.1.3 地域防災計画修正のアドバイス

災害をもたらす現象の予測技術は日々進歩しており，防災に関する制度も合わせて改訂されていることから，地域防災計画は，それらをできるだけ取り入れて改訂することが望ましい．

特に，土砂災害警戒情報，特別警報は，いずれも避難に直結する災害発生の前に発表される情報であることから，これらの適切な記載を早急に望みたい．これらの情報発表後に甚大な災害となった事例が各地で発生していることから，特に人的災害を減らすためには，これらの情報でただちに防災活動を行うことを防災計画等の規則に記載しておくことは重要である．土砂災害警戒情報では，1 km メッシュごとに基準を超えた地域がわかるので，事前にきめの細かな避難情報に関する基礎資料を作成しておくことで，いざというときに判断の時間を費やすことがない．特に，災害発生時にはきわめて多くの問い合わせや応援要請があり，人的・時間的に切迫することを念頭にして，整備を進めたい．これは防災基本計画において，土砂災害に関する避難勧告等を発令する手順とほぼ同じである．また,「避難勧告等に関するガイドライン」も参考となる．

気象庁ウェブページの危険度分布は警報・注意報に加え，警報の1つ上のレベルに関する情報もみることができるので，この情報の活用に関する記載も望みたい．加えて，災害との対応の良い指数が現在の警報の基準となっていることから，過去の災害事例についても，可能な限り指数に関する資料を付加しておきたい．2005年以降の災害であれば，1 km メッシュの指数の記録が気象庁に保存されており，土壌雨量指数については，1時間降水量の時系列データがあれば，古い資料でも自分で簡単に計算することができる（たとえば，牧原・平沢，1993）．

地域防災計画に関するアドバイスは，地元の気象台でも実施している．これに加え，地元の災害と自治体あるいは社会インフラ関連企業の対応をより丁寧に調査し，熟知・認識している気象知識をもった人材が，気象台と連携してアドバイスを行うことで，地元により密着した防災計画の策定が期待される．防災計画が詳細になり，気象情報との関係がより複雑になるほど，アドバイザーの役割が大きくなる．

6.1.4 日常の普及活動

マスコミ等で,防災に関わる気象情報,警報等を目や耳にする機会が多くなっているが，その具体的な中身については，聞き手の理解が十分でないことも多い．さらに，そのような災害が自分の身にふりかかってくる可能性，例えば，一生に1度あるかないかの記録的な気象現象で自分の身の回りにどのような危険が起こり得るかを確認する手立てを知っている人はさらに少ないと思う．

身近で災害が発生するおそれが高い場合，自らで災害の少ないところに移動することを心がけ，そのきっかけとなる防災気象情報を理解し，入手手段を知るための普及活動の意義は大きい．

普及活動の対象は自治体職員，一般住民に分けることができる．情報の意味の理解，入手手段，に加え，その入手後に推奨される具体的な行動，災害発生までの猶予時間も重要な説明要素である．対象が自治体職員の場合は，加えて，それぞれの受け持つ防災活動に活用してもらうため気象情報の詳細な説明が有効である．

6.2　災害のおそれが高い場合の具体的アドバイス

6.2.1　災害発生までの複数のシナリオ

台風が数日後に自治体に接近する予想が出ているとき，自治体関係者からはこのようなことを問われると思う．「自分の所に本当に来るの？　その可能性の高さは？　来るとしたらどのくらいの強さ？　災害はあるの？　その根拠は？」その答えとして，例えば数値予報の結果をそのまま伝えると，予報時間ごとに雨や風の予想値が上ったり下がったりすることもまれではない．それでは自治体は対応できないことから，可能性の最も高いケースとそのときの予想値の誤差幅（最大）を伝えるのが現実的である．振れ幅の中には，大数の法則に従う場合のほか，転向点における台風の進路のようにカタストロフィックに大きく変わる場合がある．

気象担当者のいう「シナリオ」とは，気象現象が，時間の経過とともに発達・衰弱しながら移動する一連の経過であり，それに伴う想定災害も含まれる．そのシナリオには，第1候補とともに，ある時間から大きく異なった経過をたどる第2候補，あるいは第1候補からの予想の誤差幅を，あらかじめ想定しておくことが重要である．予想の誤差幅が時間の経過とともに小さくなっていく中で，顕著現象の接近に伴う自治体の計画的対応を容易にするため，一定時間ごとに，シナリオと予想の誤差幅の変化を伝える．つまり，予報の精度に応じて，一定時間ごとに，当初の計画に対して，もう一段上の警戒オンの判断が必要か，警戒をオフにしてよいのか，それらの判断の時期は次の判定時刻以降なのかを明らかにする．なお，一般的には，シナリオが作成可能となる時期は，台風の場合は，数日前から，集中豪雨の場合はせいぜい1,2日程度前からである．

6.2.2 ▌正しく怖がらせる

例えば，台風が接近しており，予報円の中に自らの市町村が入っている場合，ひとくくりに「台風」ととらえずに，想定が可能な情報を，予報時間ごとに正しくとらえることが，予報の誤差幅を小さくするうえで大事である．台風と一口にいっても，大きさ，強さ，その性質が千差万別であるため，また，現在の予報技術により，そのかなりの部分が予報可能であるためである．通常程度の体制で良い場合，通常以上の体制で臨む必要がある場合，甚大な災害への体制が必要な場合，を区別することが，効果的な防災活動に結び付く．つまり，防災担当者を「正しく怖がらせる」ことが重要である．

ここでは，2009 年に台風第 18 号が愛知県に上陸した際に，筆者が名古屋地方気象台長として，上陸前日に，愛知県庁において，副知事をはじめとする防災関係者と台風上陸前に発足した災害対策本部の中で協議した際のアドバイスの一部について紹介する．

名古屋地方気象台が県庁において支援を開始したのは，台風上陸の 2 日前に台風説明会を行ったときである．その前に最初に実施したことは，具体的な気象要素の予測と災害についての分析である．

a.　台風第 18 号に関する予想と想定災害の分析

伊勢湾台風からちょうど 50 年目となる 2009 年の秋に，愛知県に台風 18 号が接近していた．上陸する 42 時間前の台風進路予想は図 6.1 のとおりである．紀伊半島のほぼ中央に上陸し，愛知県のすぐ西を通過するコースは伊勢湾台風とよく似ている．台風予報は，予報時間ごとに台風の移動速度がやや速まるものの，進路は 3 日（72 時間）前から変わっていない．中心気圧は 935 hPa である．また，上陸時点でも非常に強い勢力を維持すると予想されている．したがって，名古屋付近では，風が強く，高潮のおそれも考えなくてはいけない．ただ，北緯 30 度通過時点で 920 hPa，暴風域が半径 300 km 以上だった伊勢湾台風と比較すると，中心の風は弱く，暴風域もかなりせまいため，伊勢湾台風に匹敵するとは考えにくい．そこで，風ガイダンス資料を見てみる．GSM ガイダンスからは 84 時間先までの予想資料が得られる．上陸 60 時間前のアメダス地点のガイダンス値によると，最大風速は名古屋で 11 m/s だが，セントレア（中部国際空港）では 27.7 m/s，南知多 20.4 m/s，伊良湖 18.5 m/s などが予想され

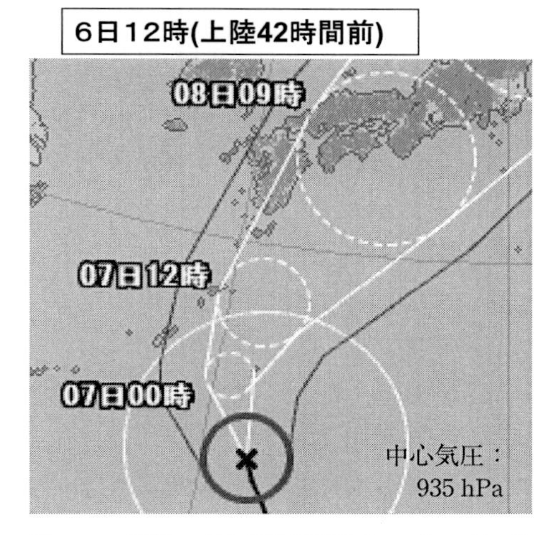

図 6.1 台風第 18 号の進路予想図（2009 年 10 月 6 日 12 時）

ている．名古屋でこれより強い風が観測されたのは直近では 1998 年 9 月 22 日の台風第 7 号上陸時の 21.5 m/s であることが，気象庁ウェブページでわかる．南知多では 1979 年の設置以降，このような風は吹いたことがない．

次に 1998 年の台風第 7 号でどのような災害があったかを調べてみた．全国的には，奈良県室生寺（むろうじ）の五重塔が暴風による倒木のために破損したことが知られている．愛知県で見ると，気象庁年報に掲載されている災害報告に，暴風のため，鉄道・高速道路が不通となり，停電が 58 万 6000 戸との記述があった．また愛知県の死者 3 人のうち，1 人は風によるものと判明した．伊勢湾台風とは比較にならない規模であるものの，風ガイダンスの精度および過去の災害状況から，大規模な停電を伴う，場合によっては死者が出るおそれもある暴風の可能性があることが想定できる．暴風予想と遠浅の海岸の多い愛知県の地形のため，高潮についても警戒が必要となる．なお，雨については，予測の精度からこの時点では愛知県の詳細な予測は困難だが，速度が速いこともありガイダンスによる 24 時間雨量はそれほど多く予想されていない．

これで，愛知県における気象予測と災害の第 1 推定値が決まった．台風の進路が今後大きく変わることになれば想定も変わっていくが，風については愛知県が台風の中心の右側にあたり現時点で最も強い場所と想定されるため，移動速度が速くなるのに伴って風速が大きくなる変化以外は，修正が必要となる場合でも，弱くなる可能性が高いと思われる．雨については，広範囲の大雨は想定されていないが，時間の経過とともに，より狭い範囲での大雨の可能性が明らかとなる．それまでは，「台風が中心付近を通過すれば，1時間に80 mm程度の大雨が2，3時間程度降ってもおかしくない」との一般論の認識で警戒しておく必要を考えた．

b. 愛知県庁でのアドバイス

上陸2日前の台風説明会以降，県庁には気象台職員が常駐し，県の防災関係者に，今後予想される状況の説明，防災情報提供システムで表示される各種資料の解説，防災関係者からの質問対応を行っている．上陸前日には，筆者も夕方から夜にかけ県庁で対応にあたった．その中で印象に残っていることの1つは次のようなものである：「今度の台風ではかなりの災害が予想されるとのことなので，県の体制を「警戒本部」から，現時点ですぐにでも「災害対策本部」に格上げをしたいが，愛知県の防災計画では，警報の発表を契機とすることになっている．早く「災害対策本部」を立ち上げたいので，警報発表を早くしてほしいが，それが難しいならば，その可能性について助言が欲しい」．防災体制が一段上がれば，計画に従って，関連するすべての組織が迅速に対応できることを聞き，防災計画の重要性とともに防災計画の事前の最適化の重要性を改めて感じた次第である．また，高潮警報についても印象に残っていることがある．高潮の予想値は，高潮モデルおよび数値予報に基づいて3時間ごとに更新される．そのときの予想では，3 mを少し超える値を中心に，予想時刻により50 cm前後上下していた．一方，高潮警報の基準値は防潮堤の高さに基づいて設定されているため，市町村ごとにかなりの差があり，予想値が3.5 mの場合でも，注意報しか発表されないところがあるなど，市町村ごとにばらつきが出る状況であった．一方，潮位が堤防高に届かない場合でも高潮が原因となる災害の可能性があることから，災害の可能性を伝えるとともに，高潮警報の発表の妥当性について県と協議し，市町村の現場の意見も聴取した．実際，市町村の一部では，高潮が防潮堤より低かったものの，沿岸部の小河川で，高潮により水が逆流し浸水被害が発生したが，これは伊勢湾台風以来であり，市町村にとって想定外の災害であった．

c.　台風第 18 号による災害

台風第 18 号は，8 日 5 時過ぎに当初の予想より東側の知多半島に上陸した．最大風速は名古屋で 17.3 m/s，南知多で 22.3 m/s，伊良湖で 23.2 m/s を記録した．これにより，電柱の倒壊，停電，走行中のトラックの転倒，交通機関の乱れ，ビニールハウスの損壊等が発生した．これらは，あらかじめ想定されたものと同程度の規模であった．停電は愛知県だけで 30 万戸となる規模であった．名古屋地方気象台では，風の予想値に基づいて，「過去 10 年で最も風が強い」，「コースは伊勢湾台風と似ている」などのよびかけを，報道の協力を得て行っている．

この暴風により，三河湾では高潮が発生した．潮位は豊橋で 315 cm を記録した（4.4 参照）．これも予想値とほぼ同じ規模であった．一方，災害面では，高潮で埠頭が浸水し，100 個以上の 2 t コンテナが浮き上がり散乱した．日本ではこれまでに経験しなかった新たな脅威である．

当初は名古屋市でも相当の被害を予想し，警戒するようよびかけたが，台風はやや東寄りに進み，愛知県南部・東部の海岸沿いが最も被害が大きかった．このような変化へのよびかけは必ずしも十分ではなく課題となったが，これらの一連の予想と災害の想定，およびそれらに基づく情報提供により，台風第 18 号の脅威をある程度まで正しく怖がらせることができたものと思っている．

ここで述べたような都道府県と気象台との連携は，現在，さらに充実している（1.6 参照）．また，市町村とのホットラインも開設されており，予報官のもつ危機感を市町村と共有することも可能となっている．ただ，市町村の情報，特に過去の災害，地域の脆弱性，防災計画の詳細はきわめて多岐にわたる．さらに，複数の市町村で同時に極端現象が発生する場合もあるため，地方気象台の予報担当者だけでなく，自治体にもアドバイザーがいることが，より適切な防災活動に結び付くものと思われる．

文　献

[1] 牧原康隆，平沢正信，1993：斜面崩壊危険度予測におけるタンクモデルの精度．気象庁研究時報，**45**，35–70.

CHAPTER 7

自治体へアドバイスするなかでの緊張感（「おわり」に代えて）

2009年台風第18号の接近時に，筆者が愛知県災害対策本部にいるときの心境は，平常心とは程遠いものであった．台風第18号は，日本列島から離れたところを北上し東海地方に接近したため，具体的に災害を実感する観測値や被害はなく，気象予想値のみで警戒をよびかけるしかなかった．予想値に基づいて従来以上の警戒をよびかけることで，愛知県，県内市町村をはじめ多くの防災関係者が従来以上の活動を行い，それが減災につながることを期待するとともに，災害がなかったときの多大な対策費に対する責任をあわせて感じながら，気象予測の精度や特徴，地域の災害，過去資料等すべてを分析しながらアドバイスしたことが一番記憶に残っている．当時は，気象警報発表の責任者であることがその責任の根源ではあるものの，他の立場から，減災のため，気象情報にもとづいたアドバイスを行う場合も，使命感とともに緊張感を経験することになろう．ただ，それ以上に，気象アドバイザーへの期待は大きいものがあると思う．

一方で，気象情報による普段以上のよびかけが減災にどれだけ結び付いたかを評価するのは難しい．台風第18号上陸当時は，伊勢湾台風から50年ということもありよびかけに対する住民，企業の意識はかなり高く，前日には，交通機関の運休の他，一部企業では翌日を休日にすることを発表するなど，台風への準備は入念に進められた．その結果，名古屋港，三河港において，台風対策を行った結果，被害を少なくすることができたとの話を聞いた．インターネットの情報で，「念のため前日に幼稚園を休園することにしたけれど，すごい風が吹き倒木被害があったので，良かったです」と書かれているのを見ることもできた．また，愛知県からも，そのときの気象台の対応に一定の評価をいただいた．いずれの話も定性的なものであるが，今後，同様の顕著現象が予想されたときに，自治体・住民が，今回と同様の対応をとってもらえるならば，それが何よりの評価ということになろう．

当時，名古屋地方気象台職員は総出で対応にあたったものの，人手が足りないことを実感した．愛知県の西部と東部にそれぞれ専門家がいて，詳細な実況と予測を検討してアドバイスを行っていれば，よりきめ細かな対応が可能だったかもしれないと思っている．

気象警報をはじめとする気象情報の精度は最近著しく向上し，その精度についても文献等でみることができるようになった．ただ，それらを局地的に発生することの多い気象現象に対する防災に活用するには，気象の知識とその地域についての詳細な情報が必要であり，そのことが地域における気象予報の専門家が求められている所以と思っている．

索　　引

英　数

あ　行

か　行

さ　行

た　行

な　行

は　行

ま 行

や 行

ら 行

著者略歴

牧原(まきはら) 康隆(やすたか)

1954 年　福岡県に生まれる
1976 年　京都大学理学部卒業
1986 年　気象庁予報部予報課予報官
1996 年　気象研究所気象衛星・観測システム研究部第二研究室長
2005 年　気象庁予報部予報課長
2008 年　名古屋地方気象台長
2013 年　仙台管区気象台長
2014 年　一般財団法人気象業務支援センター試験部長
現　在　一般財団法人気象業務支援センター参与

気象学ライブラリー 1
気象防災の知識と実践

定価はカバーに表示

2020 年 2 月 1 日　初版第 1 刷
2024 年 4 月 25 日　　　第 3 刷

著　者　牧　原　康　隆
発行者　朝　倉　誠　造
発行所　株式会社　朝　倉　書　店
東京都新宿区新小川町 6-29
郵 便 番 号　162-8707
電　話　03（3260）0141
FAX　03（3260）0180
https://www.asakura.co.jp

〈検印省略〉

印刷・製本　デジタルパブリッシングサービス

ISBN 978-4-254-16941-6　C 3344　Printed in Japan